高职高专“十二五”规划教材

工程制图与 CAD 习题集

刘　树　主　编
李建忠　副主编

北　京
冶金工业出版社
2019

内容提要

本习题集共分13章，主要内容包括：制图的基本知识；物体几何要素的投影；基本立体；基本立体的表面交线；轴测图；组合体；机件常用的表达方法；标准件与常用件；零件图；装配图；AutoCAD 基础知识；计算机绘制二维平面图；计算机绘制三维立体图。

本习题集根据编者多年的教学经验编写而成，可供高职高专机械专业的师生参考使用。

图书在版编目(CIP)数据

工程制图与CAD习题集/刘树主编. —北京：冶金工业出版社，2011.4（2019.6重印）

高职高专“十二五”规划教材

ISBN 978-7-5024-5538-5

Ⅰ.①工… Ⅱ.①刘… Ⅲ.①工程制图—AutoCAD软件—高等学校—习题集 Ⅳ.①TB237-44

中国版本图书馆CIP数据核字(2011)第055285号

出版人 谭学余

地 址 北京市东城区嵩祝院北巷39号 邮编 100009 电话 (010)64027926

网 址 www.cnmip.com.cn 电子信箱 yjcbs@cnmip.com.cn

责任编辑 郭冬艳 美术编辑 李 新 版式设计 葛新霞

责任校对 王永欣 责任印制 牛晓波

ISBN 978-7-5024-5538-5

冶金工业出版社出版发行；各地新华书店经销；三河市双峰印刷装订有限公司印刷

2011年4月第1版，2019年6月第8次印刷

787mm×1092mm 1/16；15.5印张；217千字；120页

29.00元

冶金工业出版社 投稿电话 (010)64027932 投稿信箱 tougao@cnmip.com.cn

冶金工业出版社营销中心 电话 (010)64044283 传真 (010)64027893

冶金工业出版社天猫旗舰店 yjgycbs.tmall.com

前言

本习题集根据新时期对人才的要求，以加强对学生综合素质及创新能力的培养为出发点，结合编者多年的教学经验编写而成。它综合考虑了当前学生和教师的状况，在有限教学资源的基础上，使教学内容、教学方法和教学手段相协调，最大限度地调动学生学习的自觉性和主动性，习题集与教材内容密切相配，其内容的编排与教材的章节顺序一致，习题量的难度适中，突出读图技能和空间想象能力的培养，注意从易到难，循序渐进，便于学生理解和掌握。

本习题集在编写过程中，紧紧围绕教学大纲，以“能力的培养”为目的。在编排上具有以下特点：

（1）与教材紧紧相扣，相互配合，使教与学相统一，学与练相促进。

（2）在内容的编排上，力求形式多样、突出重点、内容新颖，注重学生空间想象能力、空间思维能力和动手能力的培养，使基本知识与基本技能培养相结合。

（3）具有较强的实用性和针对性，采用了国家最新机械制图标准、法定计量单位及专业术语，使理论与实践相结合，其中将专业知识和操作技能有机融合为一体，是本习题集的一个亮点。

（4）在习题集中，还加强了对学生综合思维能力的培养，增设了空间思维、形象思维、创新思维、多向思维的训练题，加强二、三维间的转换互动训练，用来提高学生分析问题和解决问题的能力。

(5) 在计算机绘图部分，重点在于平面图形及工程图的绘制。

在本习题集的编写过程中，反复征求同行及任课教师的意见和建议，在此，谨向支持、帮助和关心本习题集编写和出版的领导、同事（钟正国、赛德辉）和朋友表示衷心的感谢！

本习题集在编写过程中，参考了一些教材、习题集和文献，在此谨向相关文献的作者致谢！

由于编者水平所限，不妥之处，恳请广大同仁及读者批评指正，编者在此谨表谢意。

编　者

2010 年 12 月

目　录

1-1 字体练习

1. 汉字

机械电子制图技术要求旋转其余标注零件装配

螺栓钉柱铸造倒角表面处理镀涂渗碳调质铬铁

沉孔锪平均布齿轮轴键日期材料设计审核比例

班级 姓名

2. 数字和字母

A B C D E F G H I J K L M N O P Q R S

T U V W X Y Z 1 2 3 4 5 6 7 8 9 0 ϕ

a b c d e f g h i j k l m n o p q r s

t u v w x y z I II III IV V VI VII VIII IX X

班级　　　　姓名

1 –2　图线练习（按照左边的样式，在右边作图线练习）

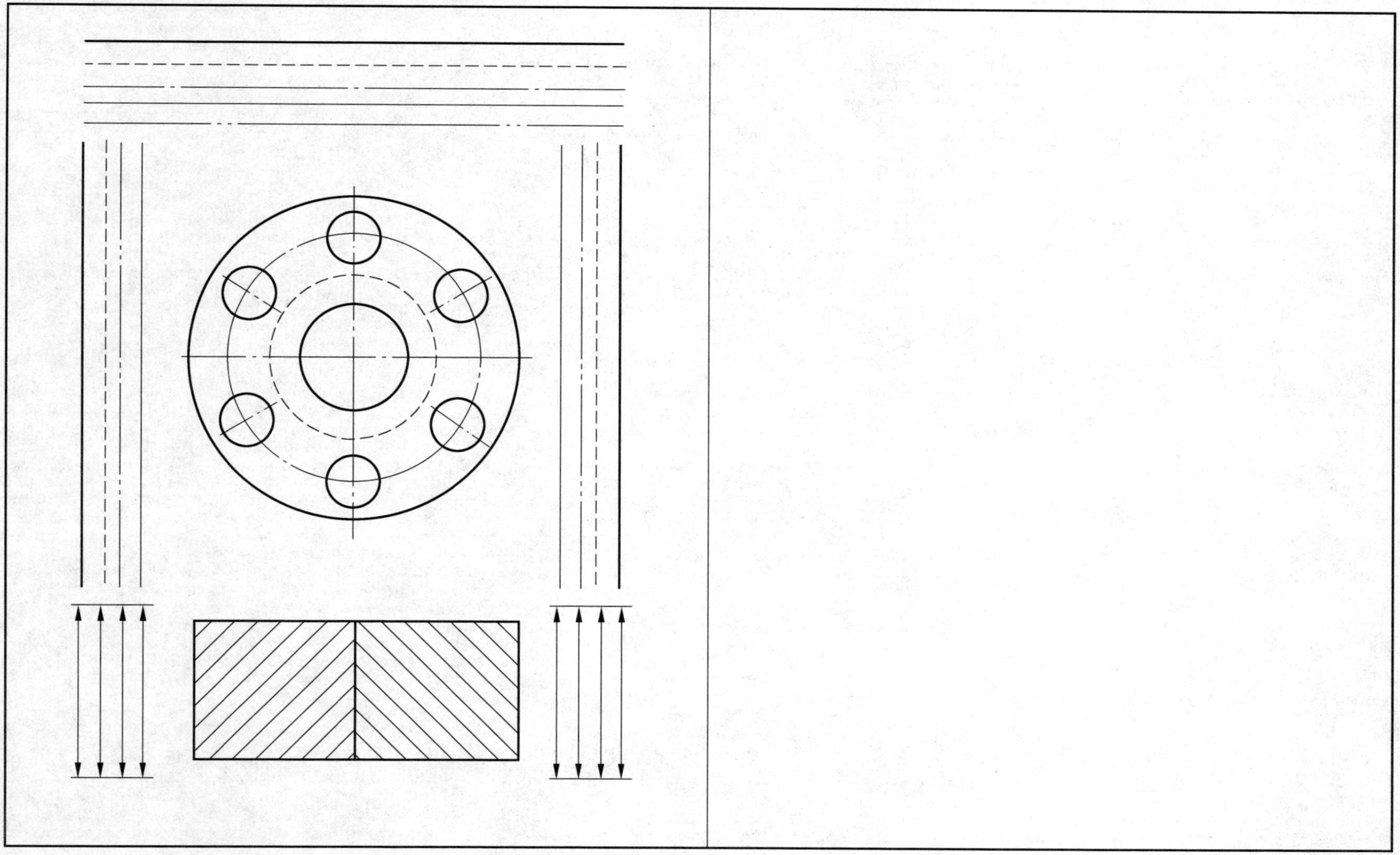

班级　　　　　　　　姓名

1－3　尺寸标注

1. 线性尺寸标注

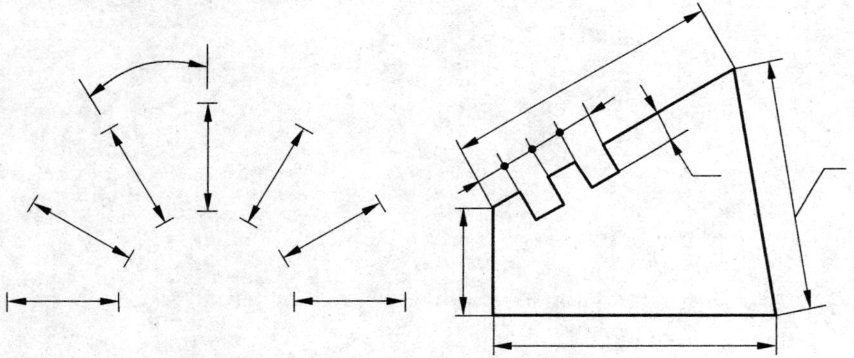

2. 角度标注

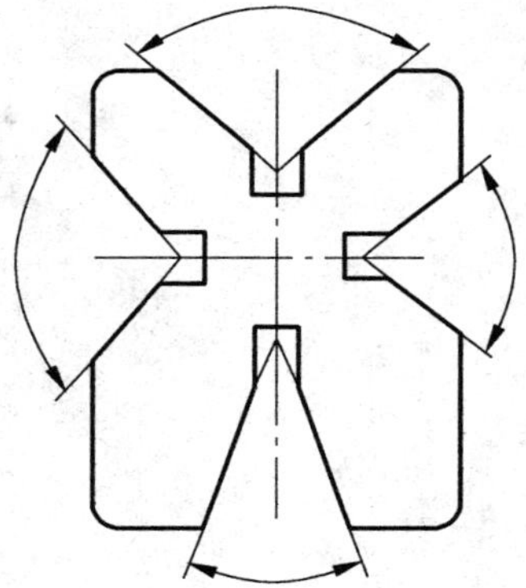

3. 直径标注

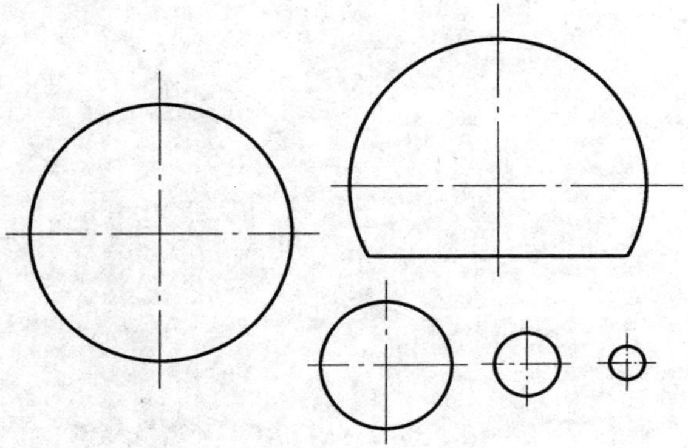

4. 半径标注

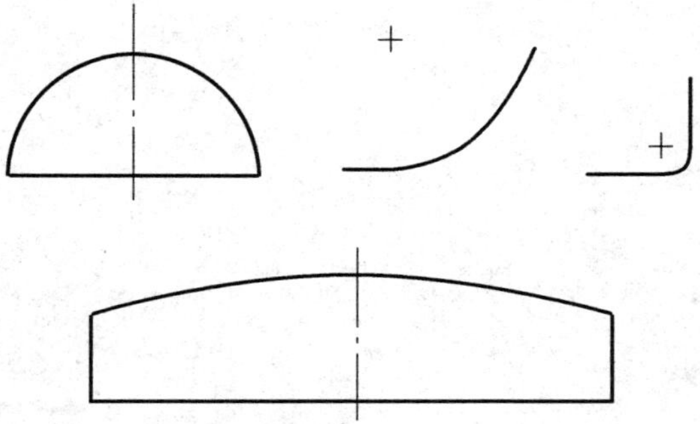

班级　　　　　　　　姓名

1－4　分析图中尺寸标注的错误，并在右图中正确标注

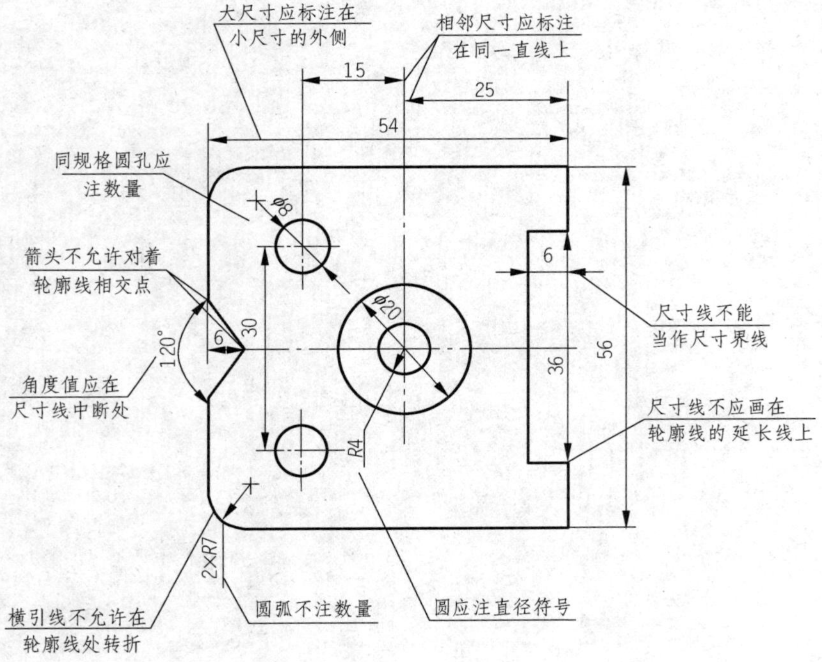

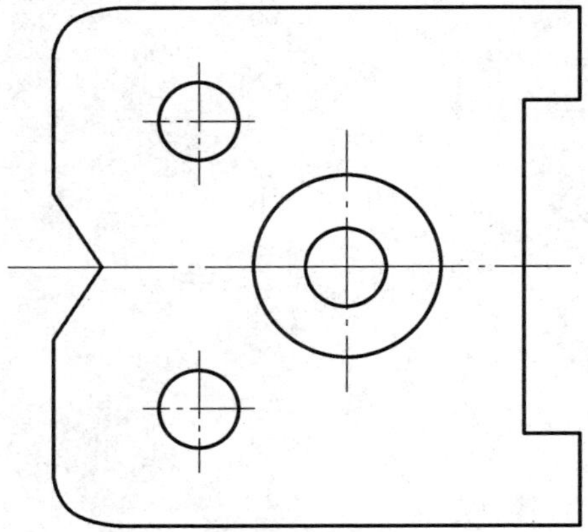

班级　　　　　　姓名

1－5 几何作图

1. 作圆内接正六边形

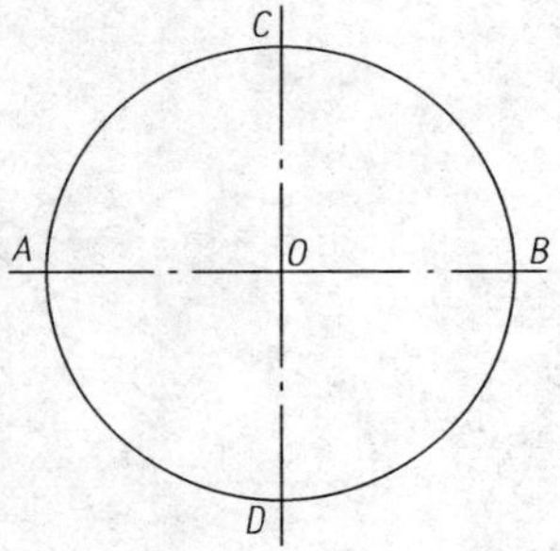

2. 参照右上角示意图，作 1:9 的斜度图形

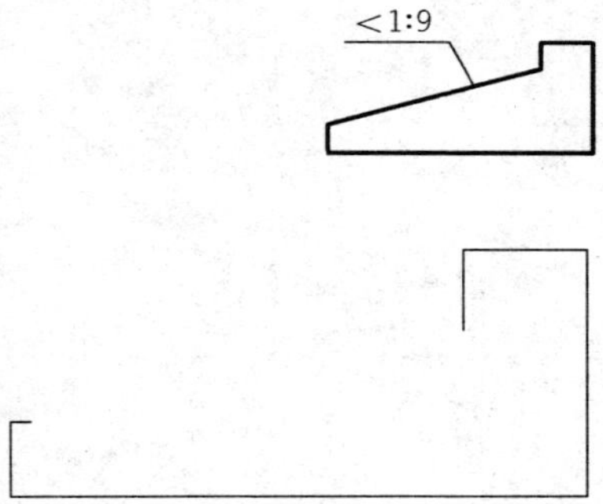

3. 参照右上角示意图，作 1:3 锥度图形

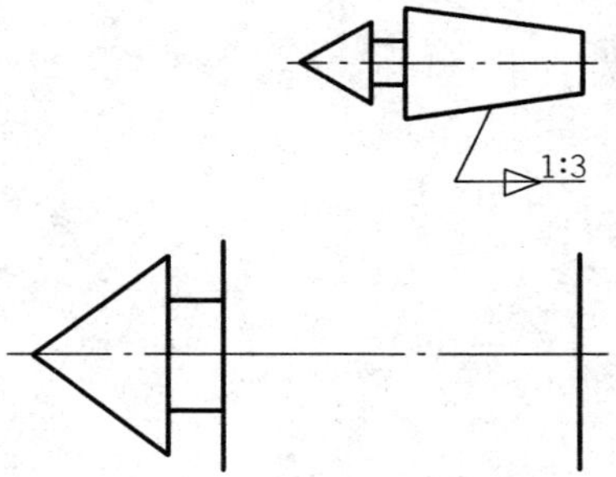

4. 按右侧图所示，完成圆弧外切连接

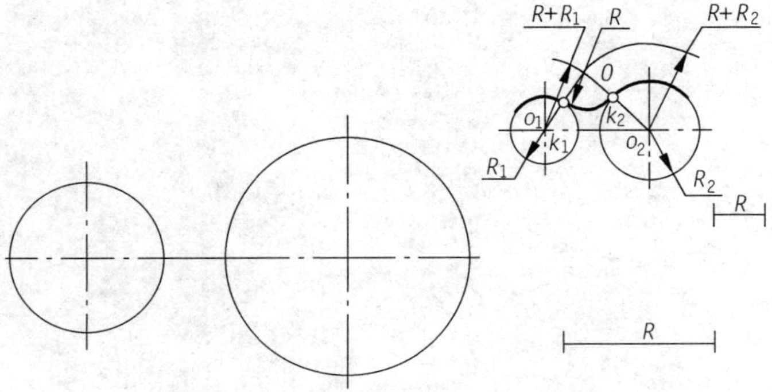

5. 按右侧图所示，完成圆弧内切连接

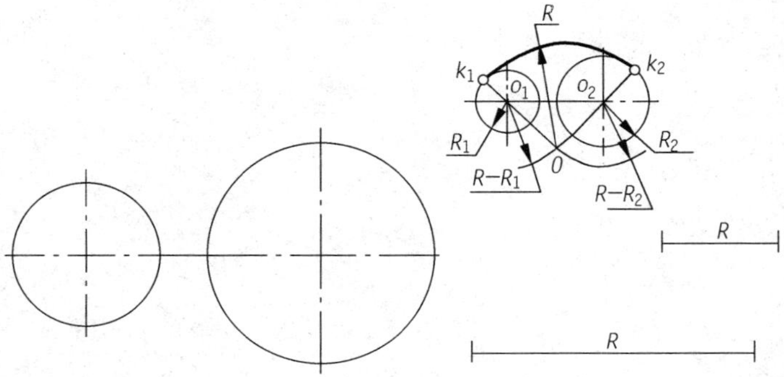

班级　　　　　　姓名

1-6 圆弧连接

1.

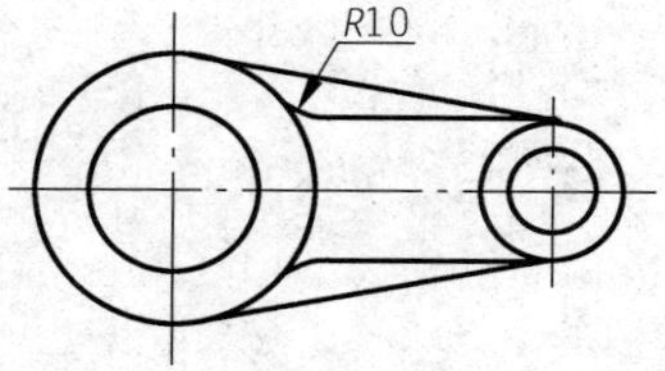

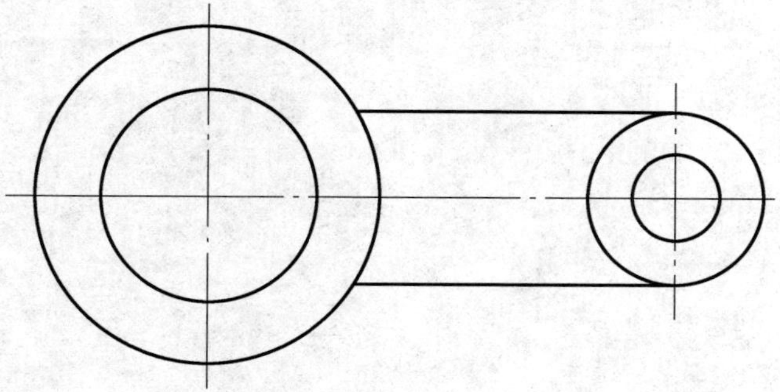

2.

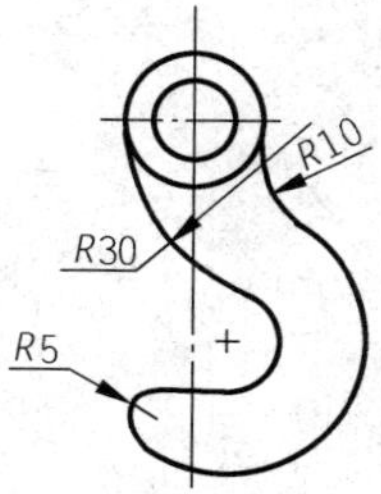

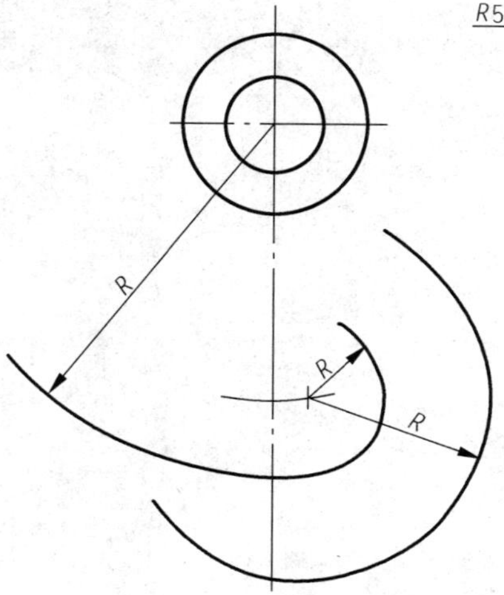

班级　　　　姓名

1 -7 椭圆的近似画法

按 1:1 在给定位置画出椭圆

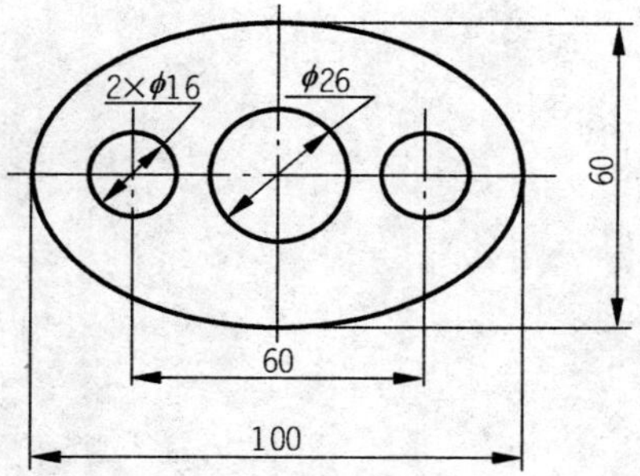

班级 姓名

1-8　平面图形的绘制

大作业一　绘制平面图形

一、目的

(1) 熟悉平面图形的绘图步骤和尺寸标注。

(2) 掌握连接的作图方法和技巧。

二、要求

用 A4 图纸，确定相应的绘图比例绘制图形。

三、作图步骤

(1) 分析图形：分析图形的形成以及图形中的尺寸，确定线段的性质和作图步骤。

(2) 画底稿。

1) 先画图框和标题栏。

2) 画尺寸基准。

3) 按先已知线段，再中间线段，最后画连接线段的绘图步骤画出图形。

4) 标注尺寸。

(3) 检查底稿，准确无误后加深轮廓线。

四、注意事项

(1) 布局合理。布图时应该根据图形横向和竖向总尺寸，留够标注尺寸的位置,确定图形在图幅中的位置，作出两个方向的尺寸基准。

(2) 正确找出连接圆弧的圆心和切点。

(3) 加深图线时，同类图线同时加深，使其粗细一致，连接光滑。

(4) 尺寸标注正确完整，注意箭头的画法。

(5) 画图注意保持图面清洁。

1.

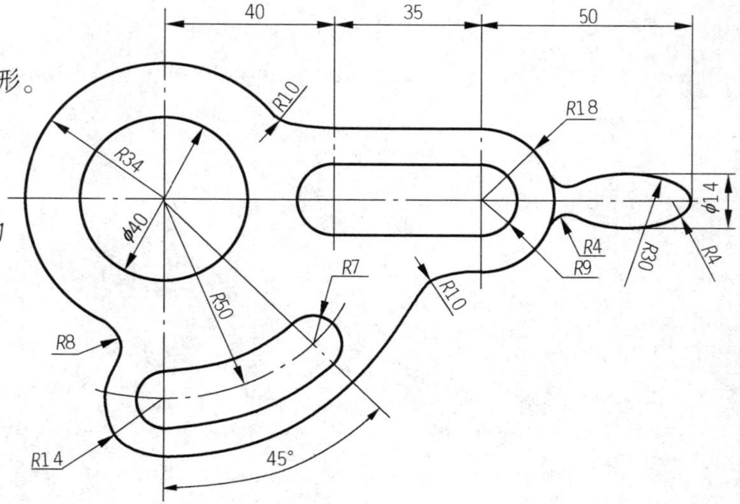

班级　　　　　姓名

2.

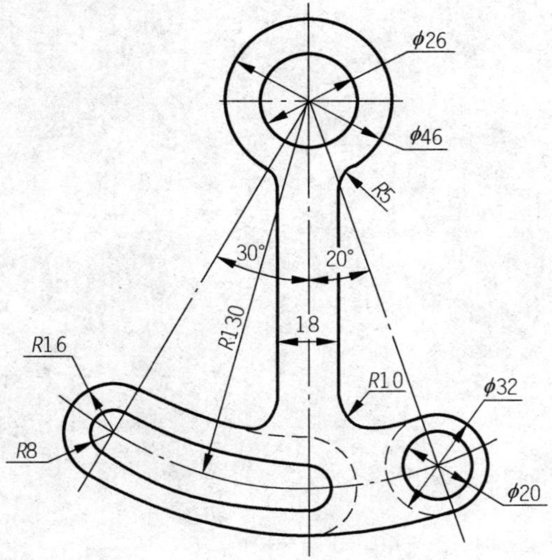
ϕ26
ϕ46
R5
30°
20°
R130
18
R16
R10
ϕ32
R8
ϕ20

3.

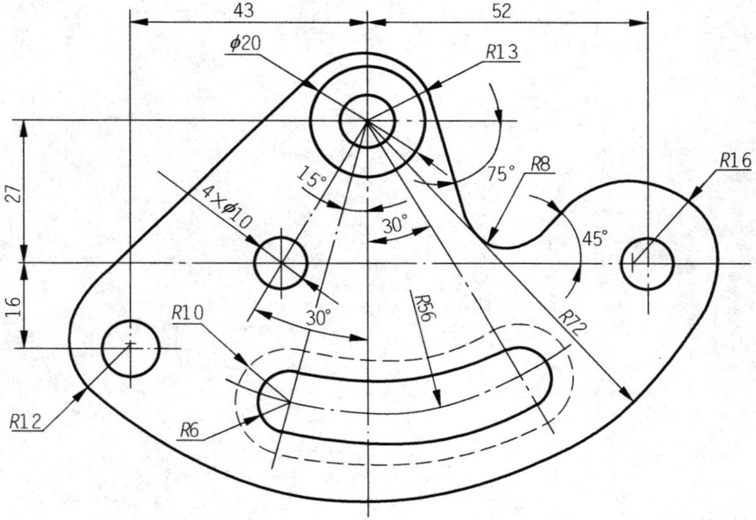
43
52
ϕ20
R13
27
75°
R8
R16
15°
4×ϕ10
30°
45°
16
30°
R56
R72
R10
R12
R6

班级　　　　　　姓名

2－1　由立体图找出对应的三视图

在括号内注出相应的字母，并在立体图上标明主视图的投影方向，标上“主观”

1.

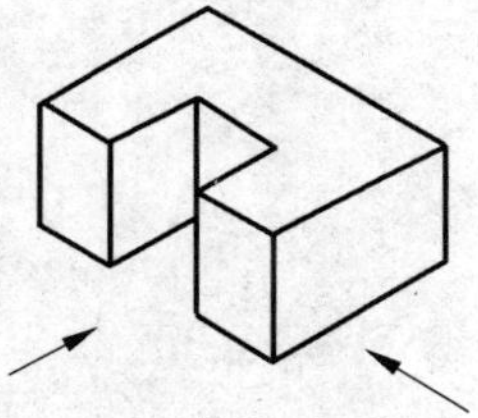

a

2.

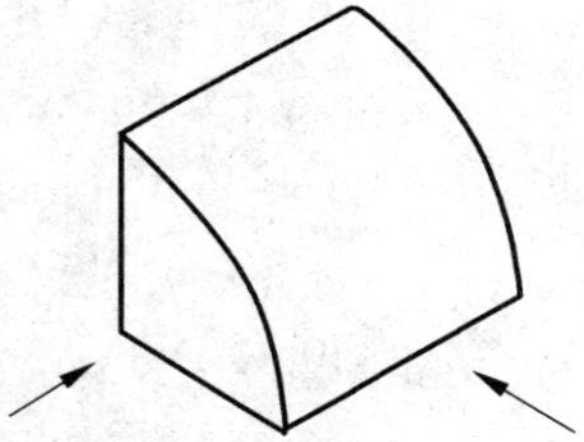

b

3.

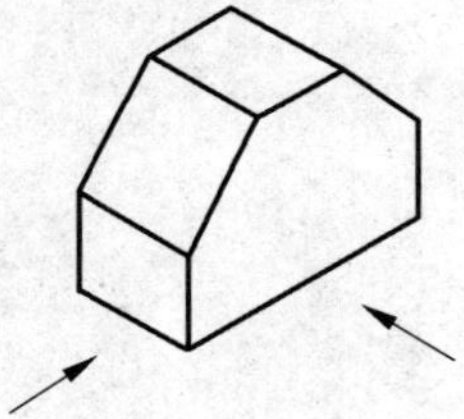

c

4.

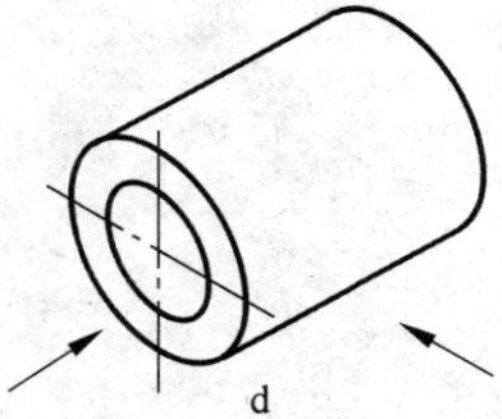

d

5.

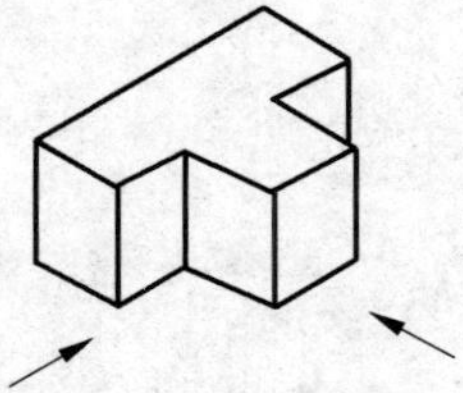

e

6.

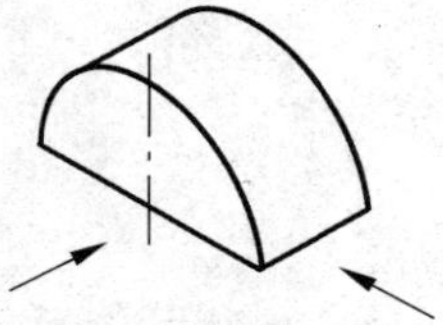

f

1.

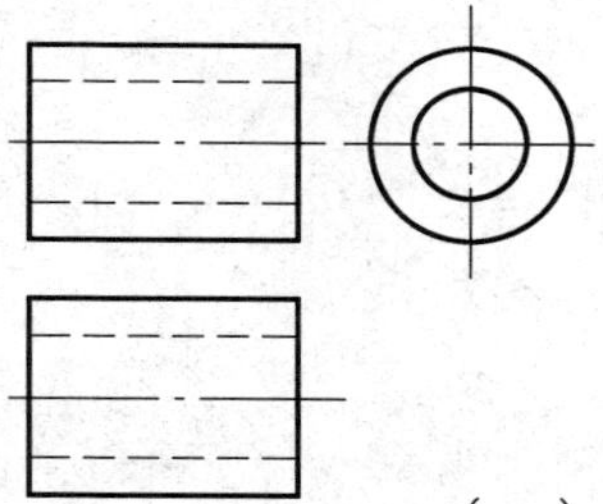

（　）

2.

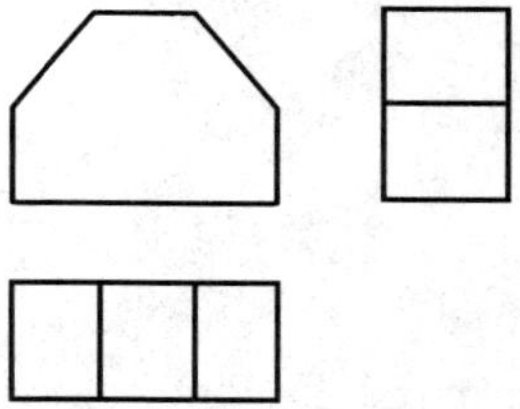

（　）

3.

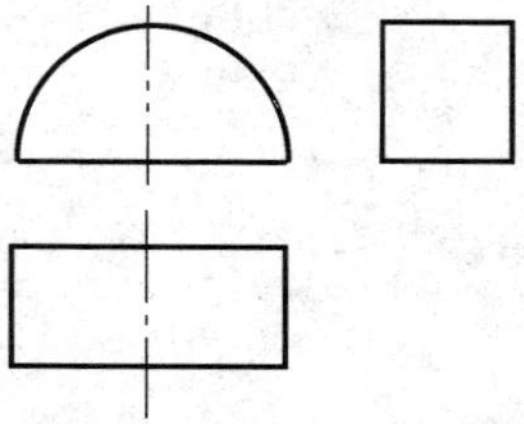

（　）

4.

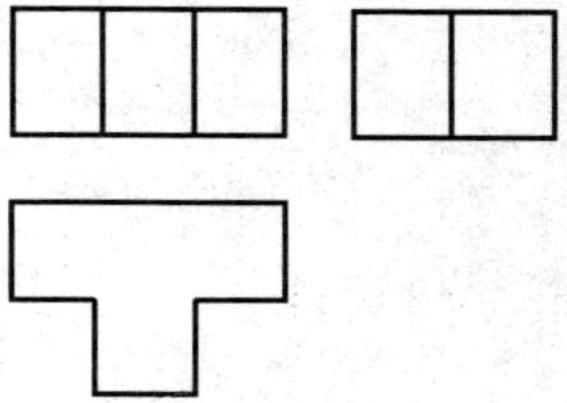

（　）

5.

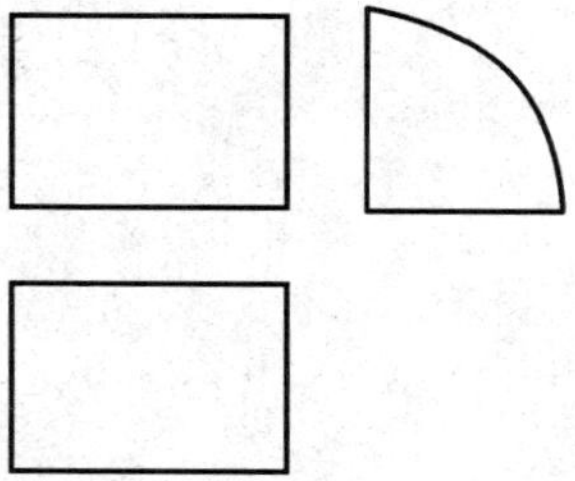

（　）

6.

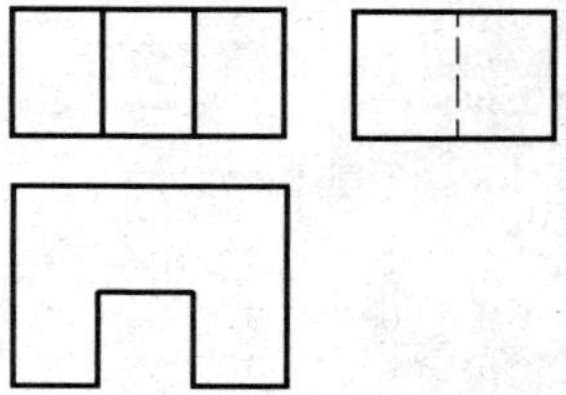

（　）

班级　　　　姓名

2－2　点、直线的投影

1.已知 A、B、C 各点的两面投影，求出它们的第三面投影。

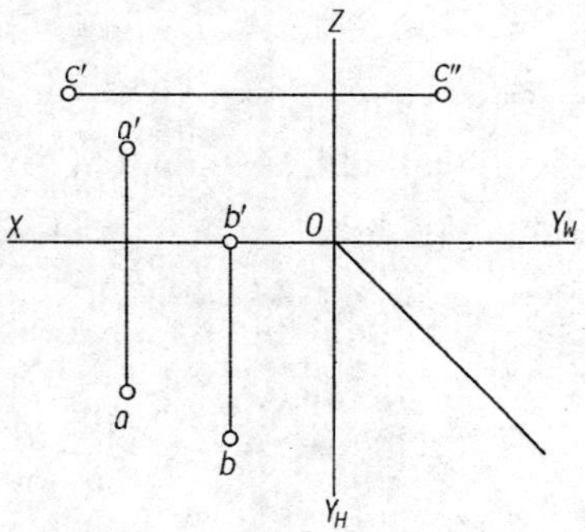

2.作出 A、B、C 各点的三面投影，点 A(25,15,20)，点 B 在点 A 之左 10，之前 15，之下 5，点 C 在点 A 的正下方10。

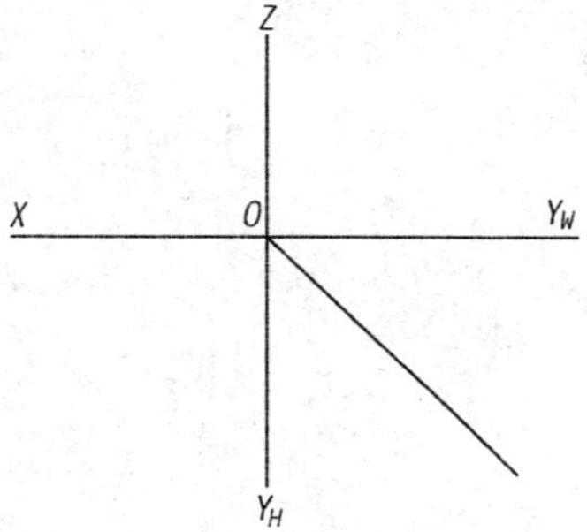

3.按给定条件，补画所缺的投影轴，并求出点 B 的第三投影。

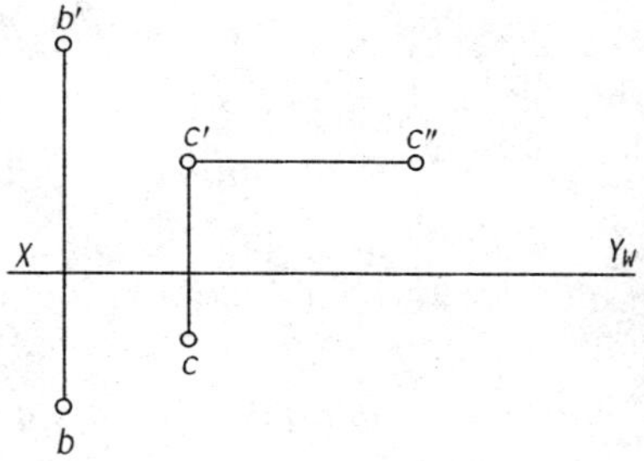

4.已知线段 AB、CD、EF 的两面投影，求作第三投影，并判断它们对投影面的相对位置。

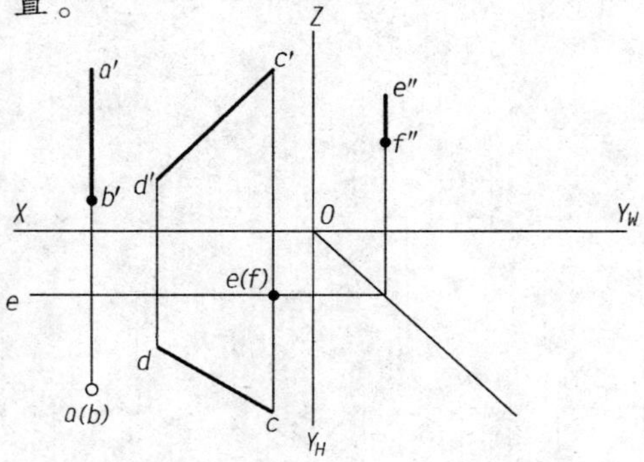

AB是______线；CD 是______线；EF 是______线

5.已知线段 AB 为水平线，C 为线段上的一点，根据给出的投影，画出线段 AB 和点 C 的正面投影和侧面投影。

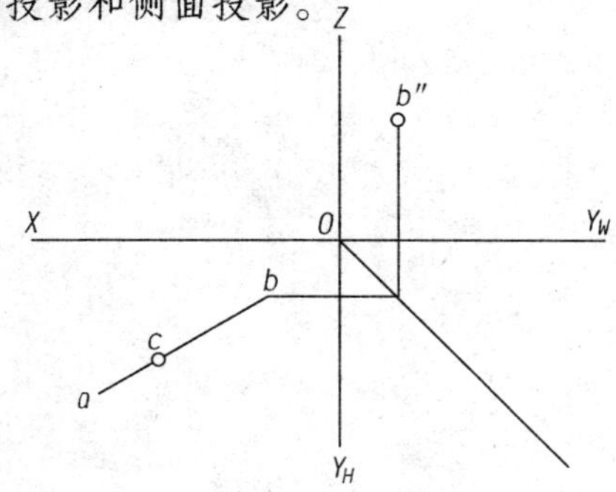

6.判别三棱锥对投影面的相对位置，并画出第三视图。

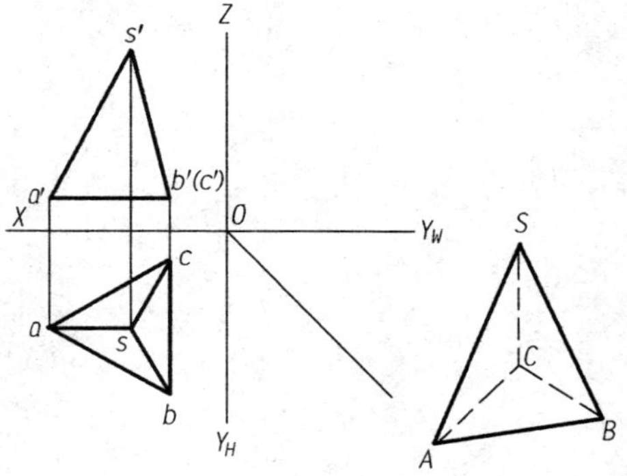

SA是____线；SB是____线；AB是____线；BC是____线

班级　　　　　　　　姓名

2－3　平面的投影

1. 补全平面图形及平面上点 K 的投影。

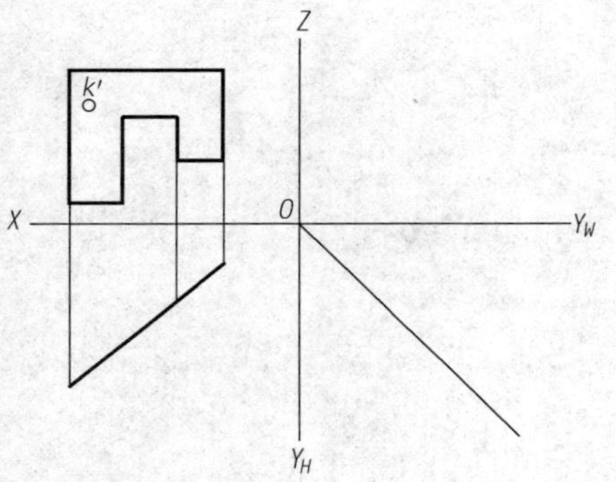

2. 已知 AB 为水平线，完成平面图形 $ABCD$ 的正面投影。

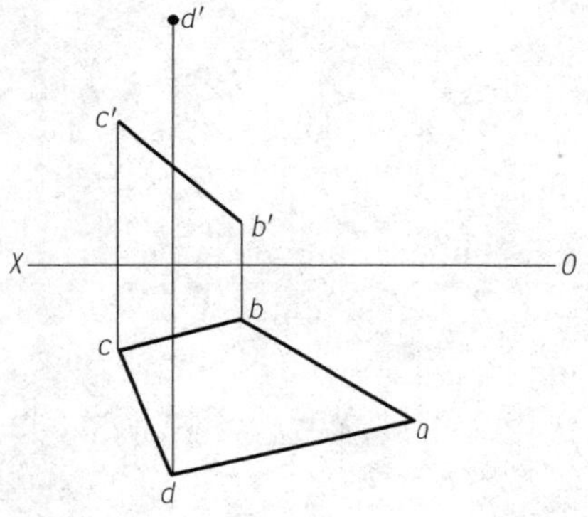

3. 在三角形 ABC 平面内取点 D，使点 D 与 H、V 面的距离分别为 15、20。

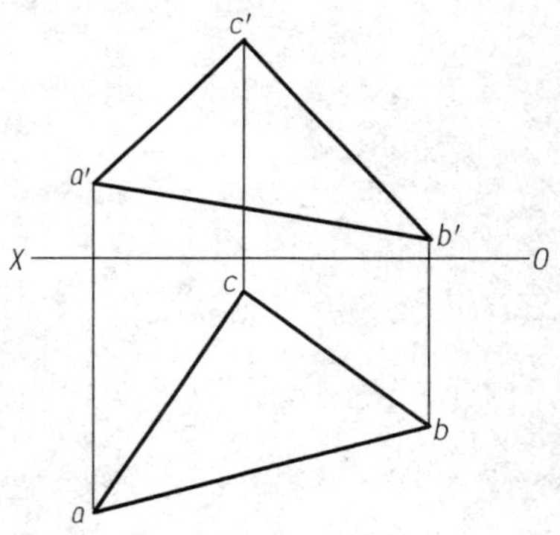

4. 在立体图或投影面上，用字符标出 A、B、C（如平面 P）。

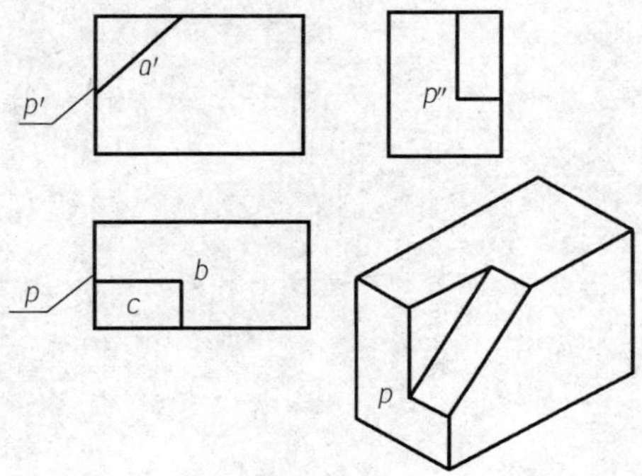

面 A 是______面；面 B 是______面；面 C 是______面

5. 在立体图或投影面上，用字符标出 A、B、C。

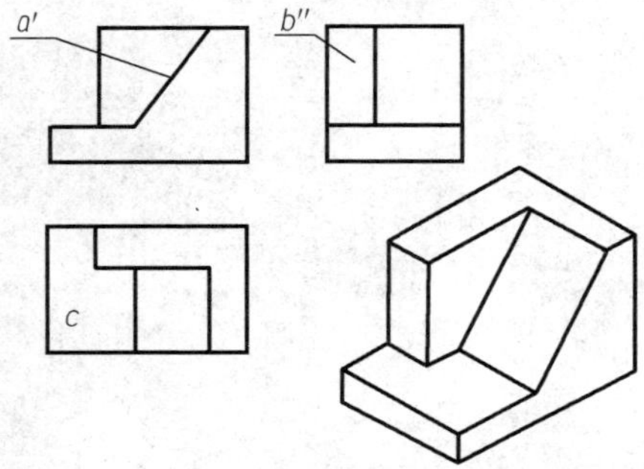

面 A 是______面；面 B 是______面；面 C 是______面

6. 在立体图或投影面上，用字符标出 A、B、C。

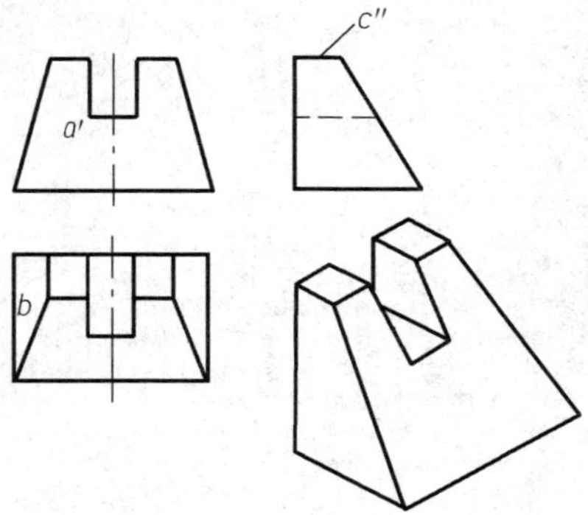

面 A 是______面；面 B 是______面；面 C 是______面

班级　　　　　　姓名

3 –1　画三视图

根据立体图按1:1的比例画基本几何体的三视图，箭头方向为主视图的投影方向

1.

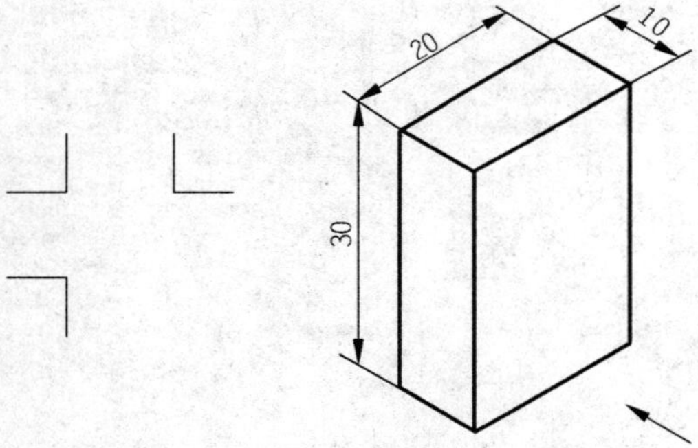

2.

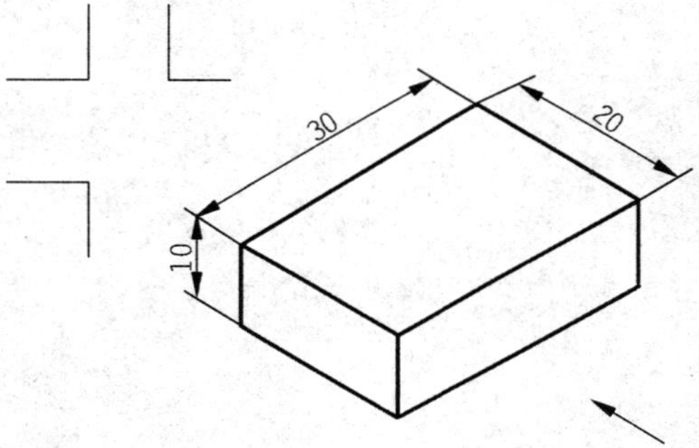

3.

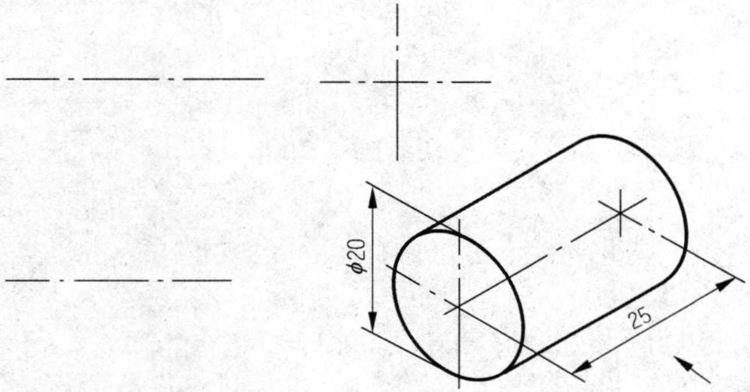

4.

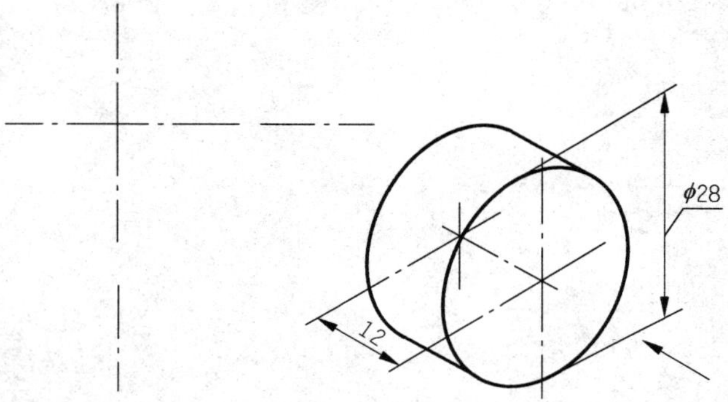

班级　　　　姓名

3－2　由三视图找出对应的立体图

在括号内填写相应的字母，并在立体图的箭头上标出主视图的投影方向

1.

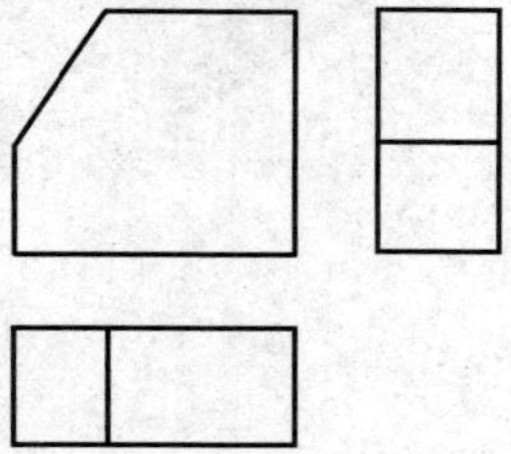

（　）

2.

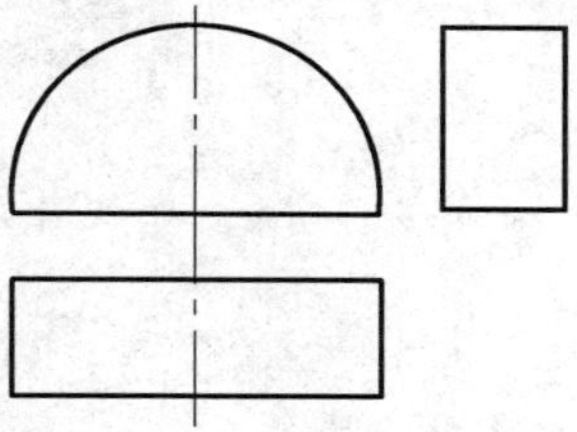

（　）

3.

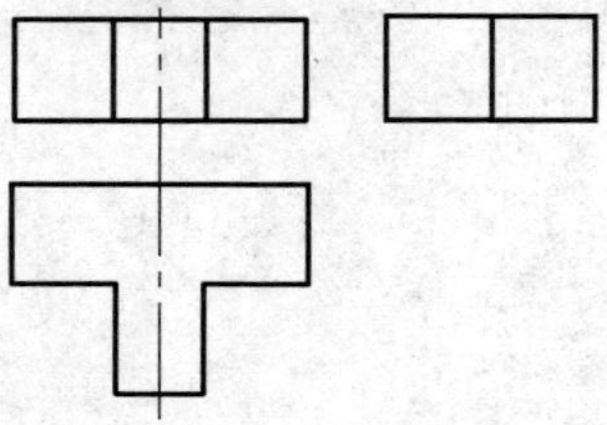

（　）

4.

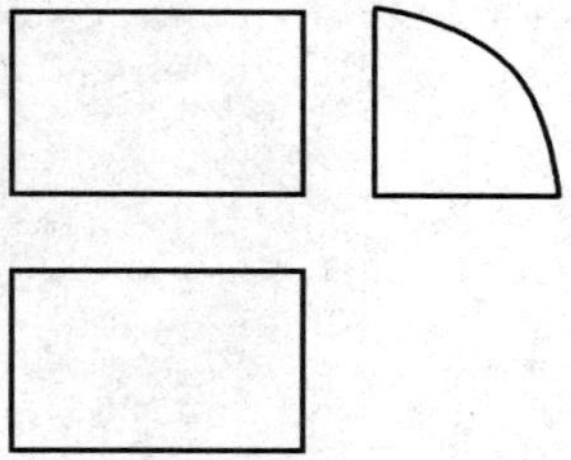

（　）

5.

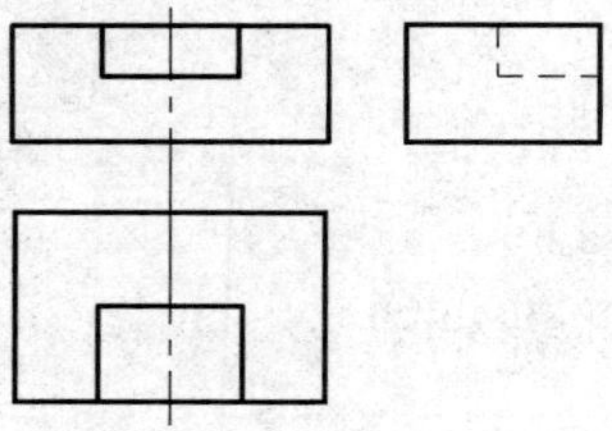

（　）

6.

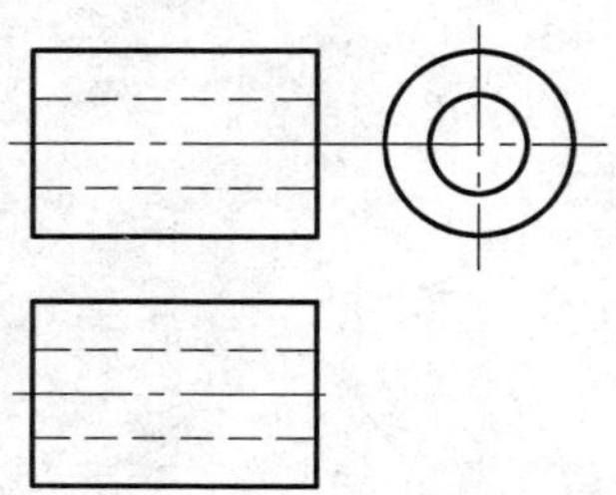

（　）

1.

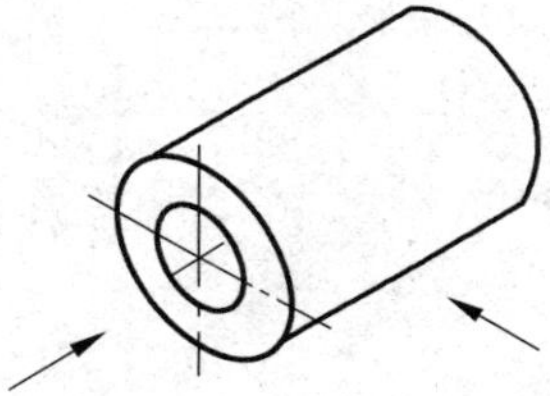

a

2.

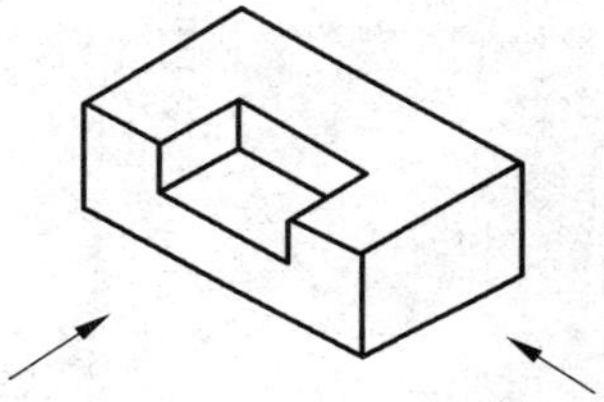

b

3.

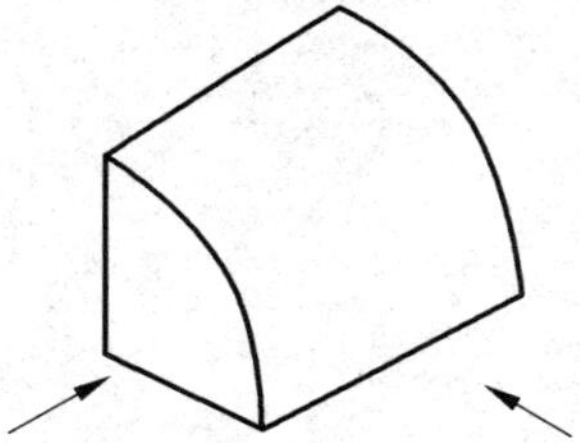

c

4.

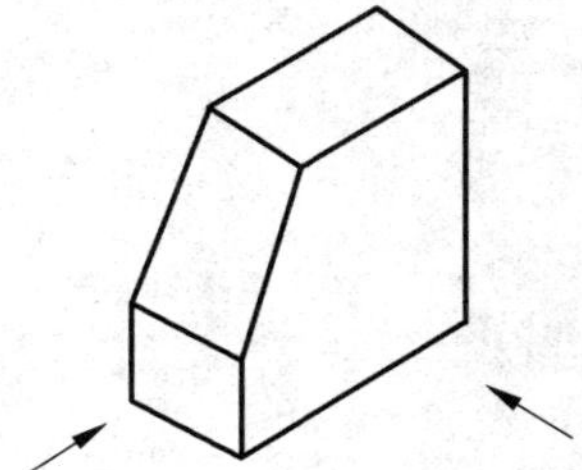

d

5.

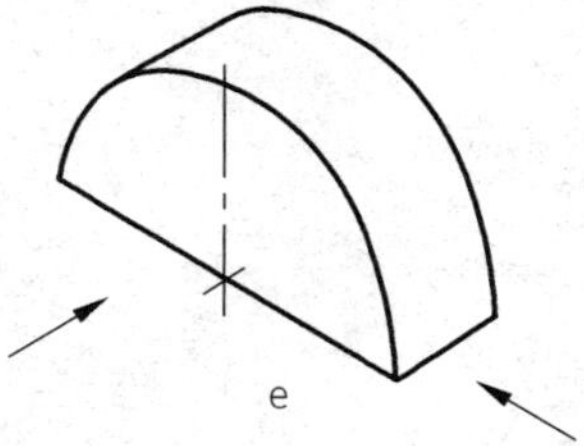

e

6.

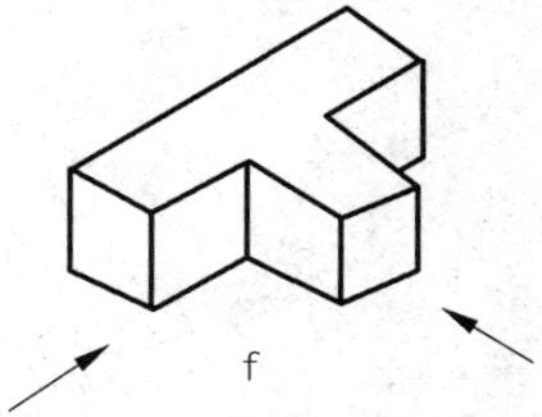

f

班级　　　　　姓名

3-3 由立体图找出对应的三视图

由立体图找出对应的三视图，并在（ ）内填写相应的字母

1.

（ ）

2.

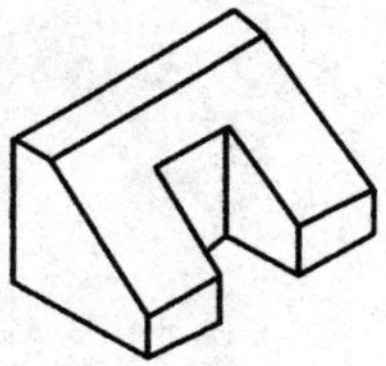

（ ）

3.

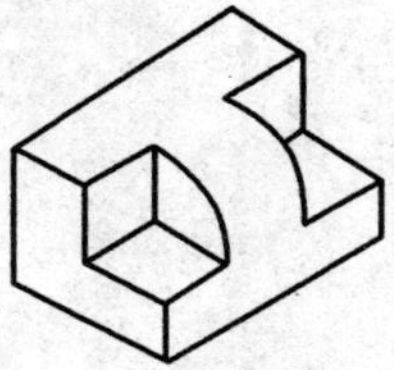

（ ）

4.

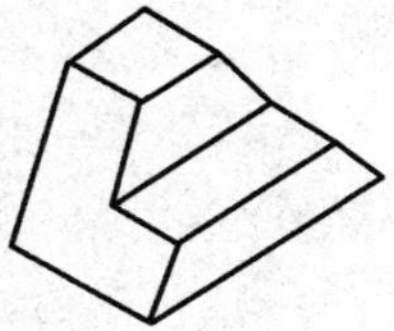

（ ）

5.

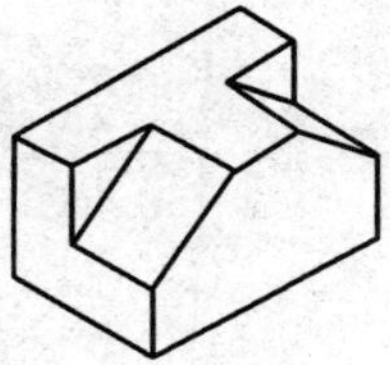

（ ）

6.

（ ）

1.

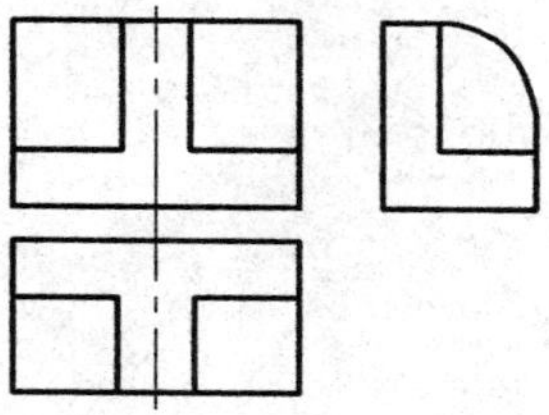

a

2.

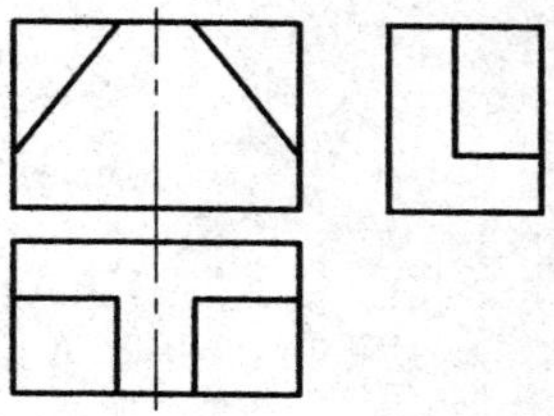

b

3.

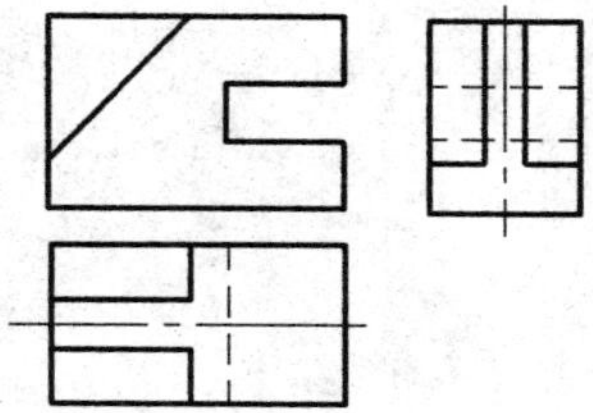

c

4.

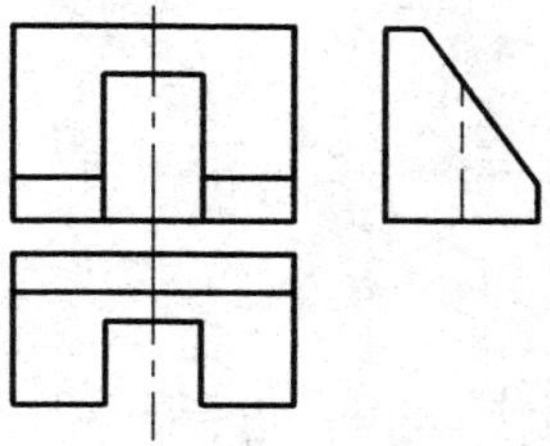

d

5.

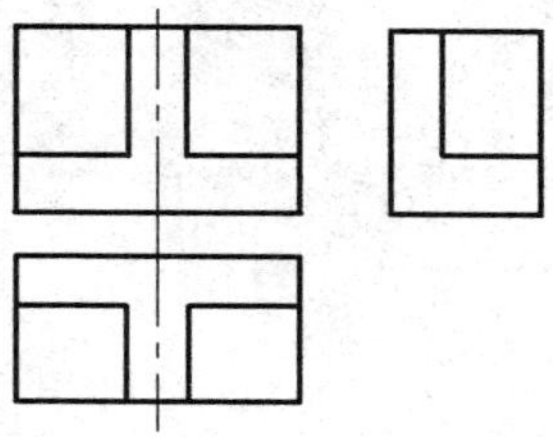

e

6.

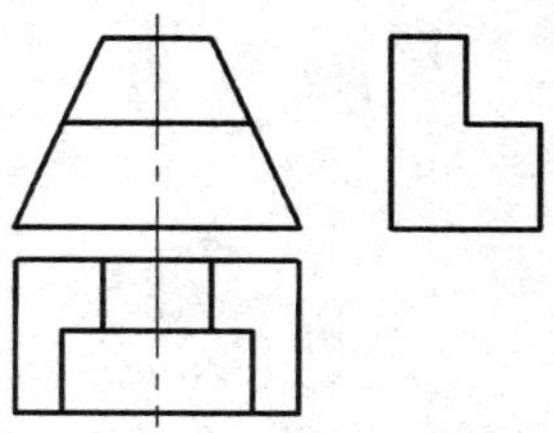

f

班级　　　　姓名

3－4　由三视图找出对应的立体图

由三视图找出对应的立体图，在括号内填写相应的字母，并补画视图中的缺线

1.

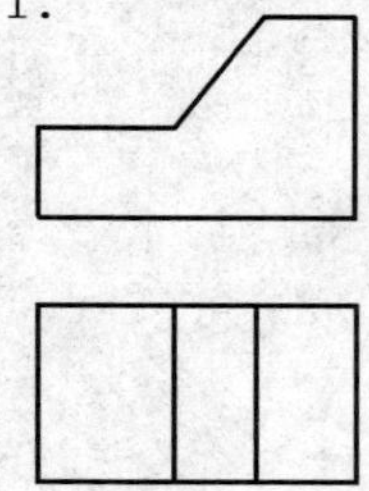

(　)

2.

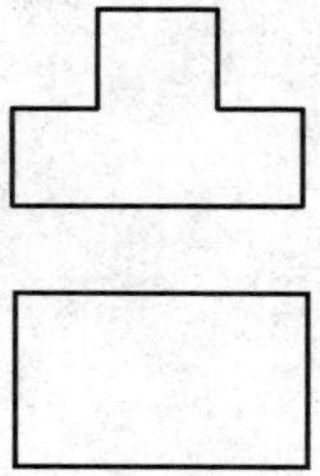

(　)

1.

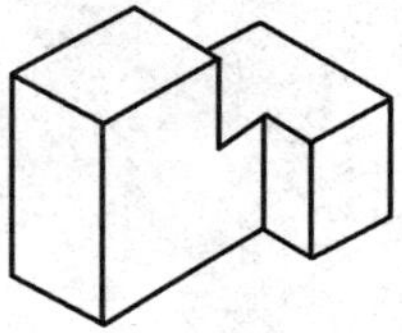

a

2.

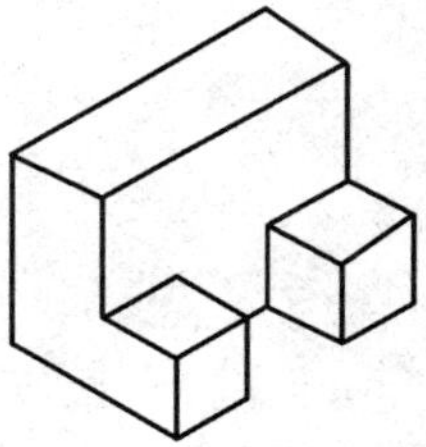

b

3.

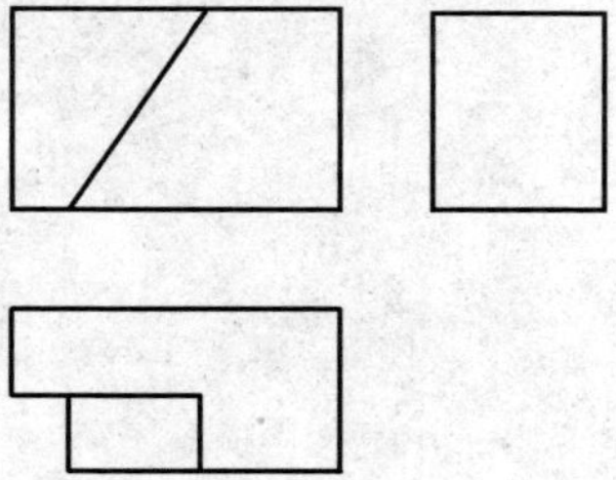

(　)

4.

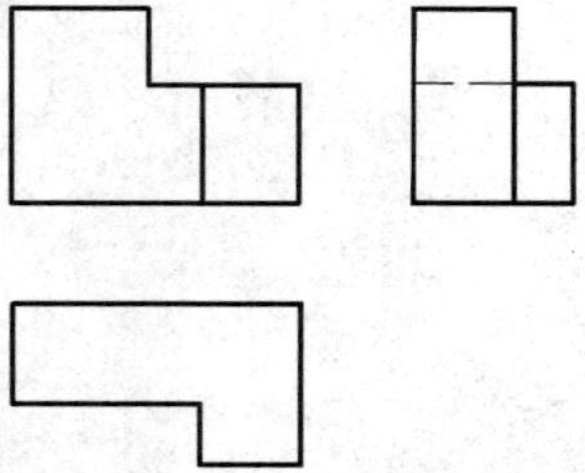

(　)

3.

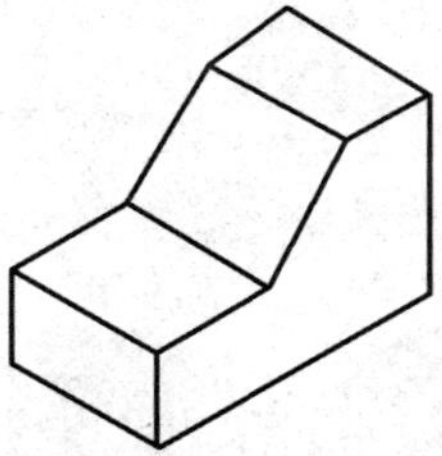

c

4.

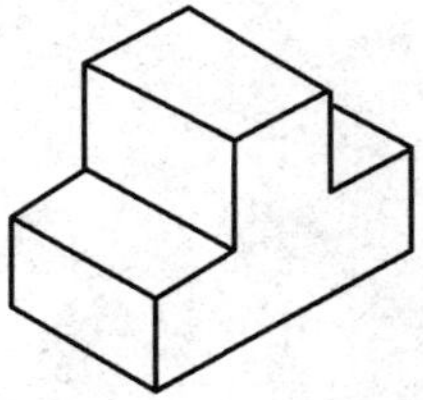

d

5.

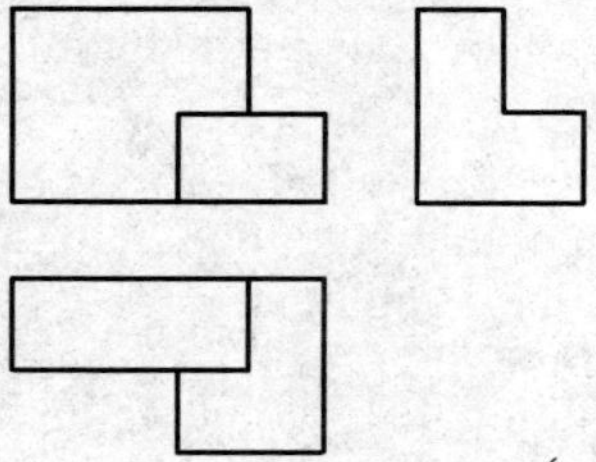

(　)

6.

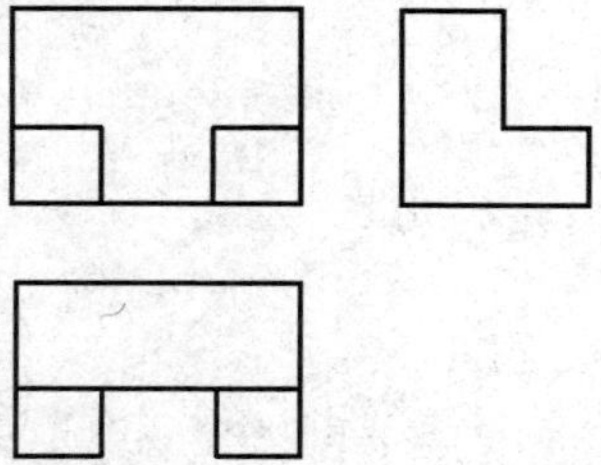

(　)

5.

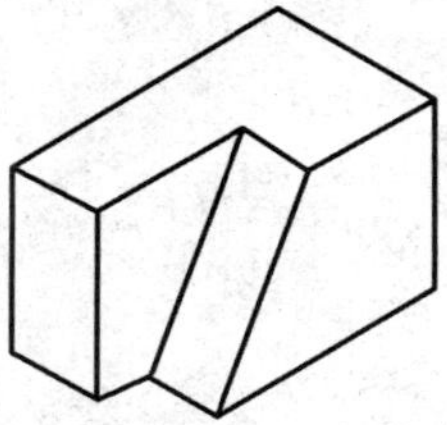

e

6.

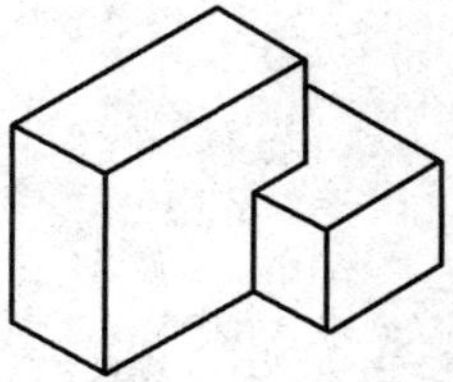

f

班级　　　　姓名

3－4　由三视图找出对应的立体图（续）

由三视图找出对应的立体图，在括号内填写相应的字母，并补画视图中的缺线			
7. 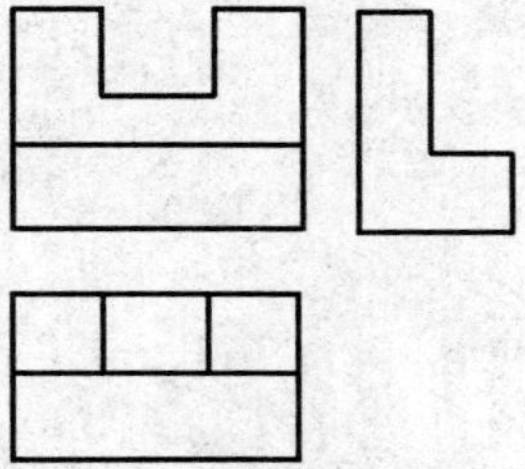 （　）	8. 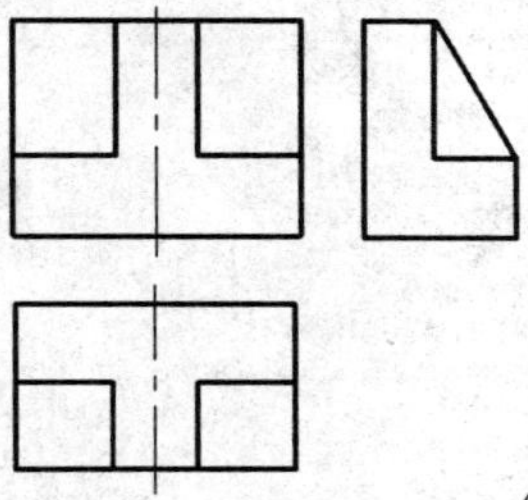 （　）	7. 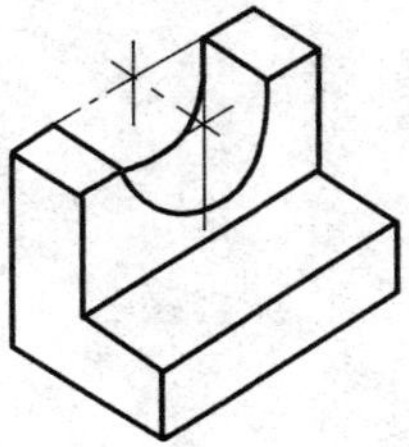 a	8. 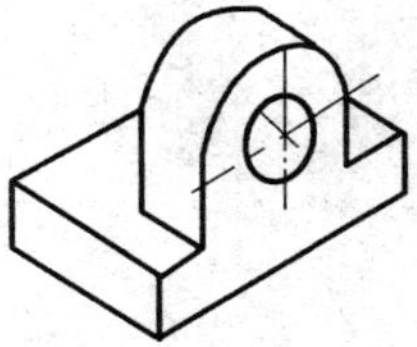 b
9. 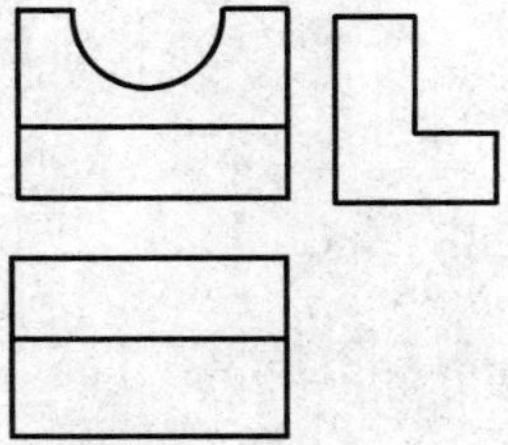 （　）	10. 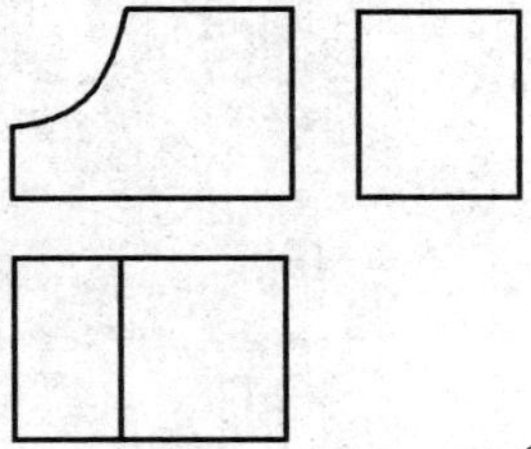 （　）	9. 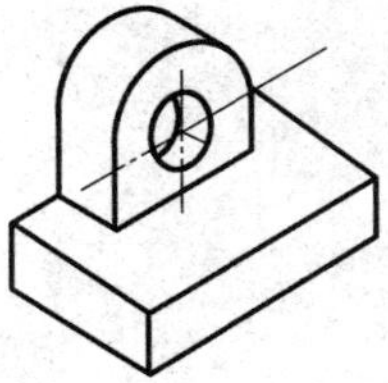 c	10.  d
11. 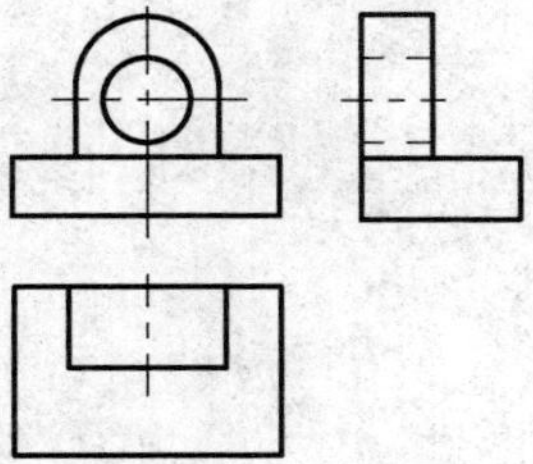 （　）	12. 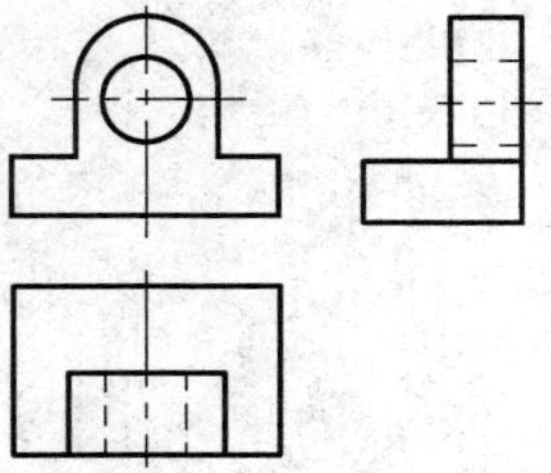 （　）	11.  e	12. 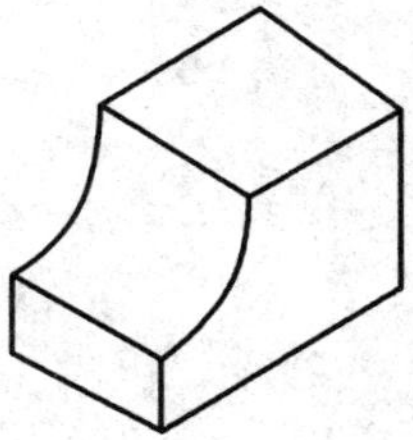 f

班级　　　　　　姓名

由三视图找出对应的立体图，在括号内填写相应的字母，并补画视图中的缺线

3－5　根据立体图画三视图

1.

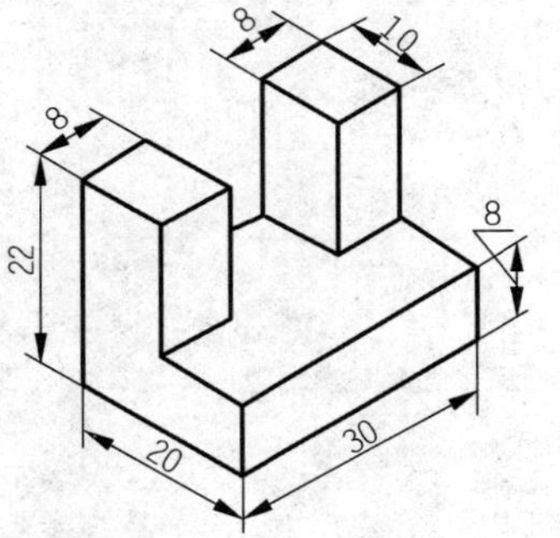

2.

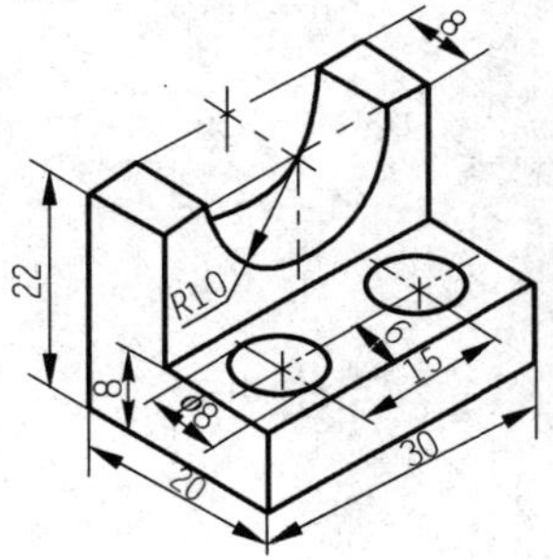

3.

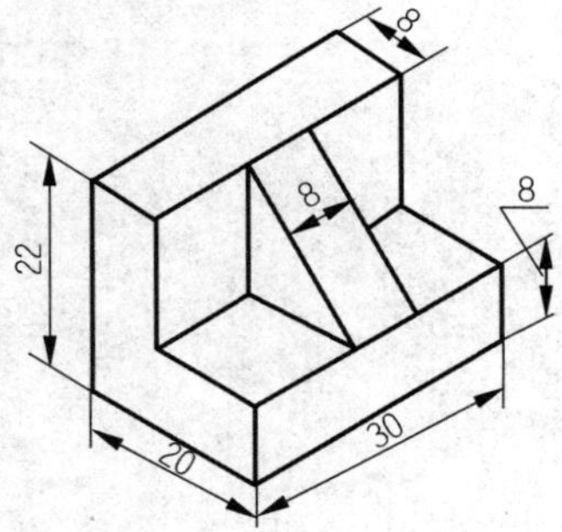

4.

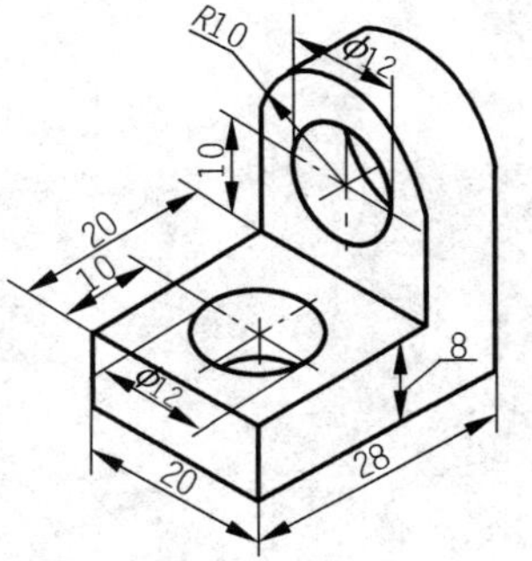

班级　　　　　　　　姓名

3－6　根据立体图画组合体的三视图

1.

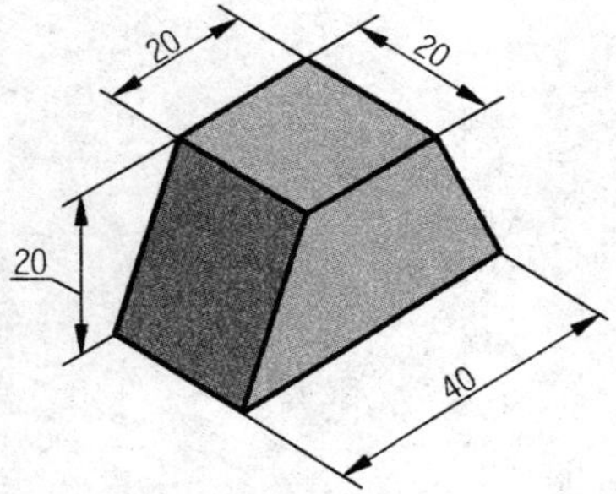

2.

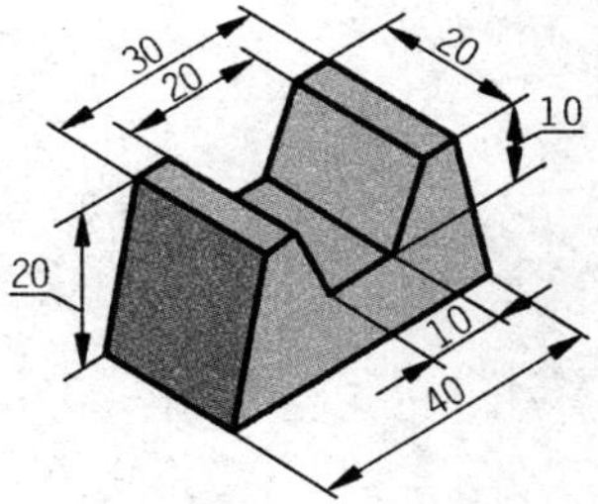

3.

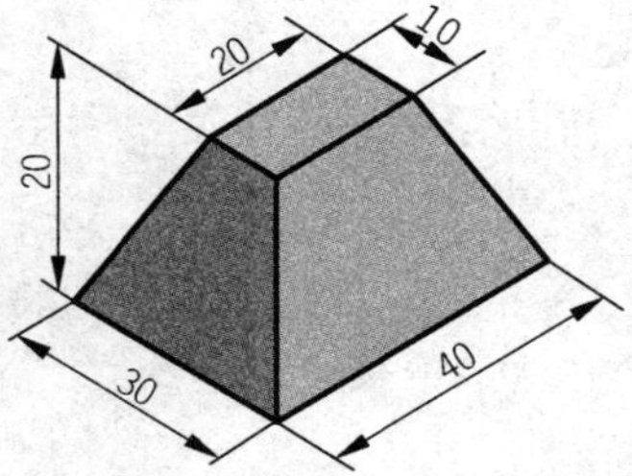

4.

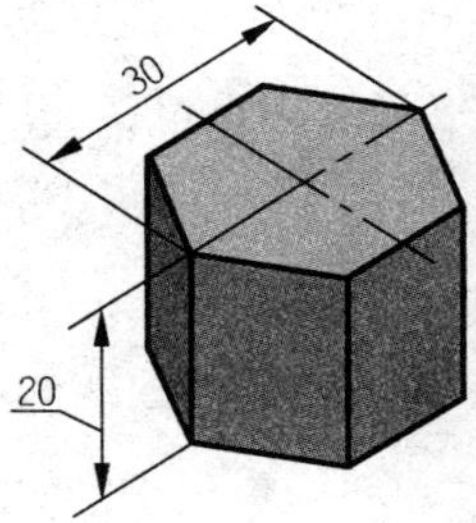

班级　　　　　　　　姓名

3－6　根据立体图画组合体的三视图（续）

5.

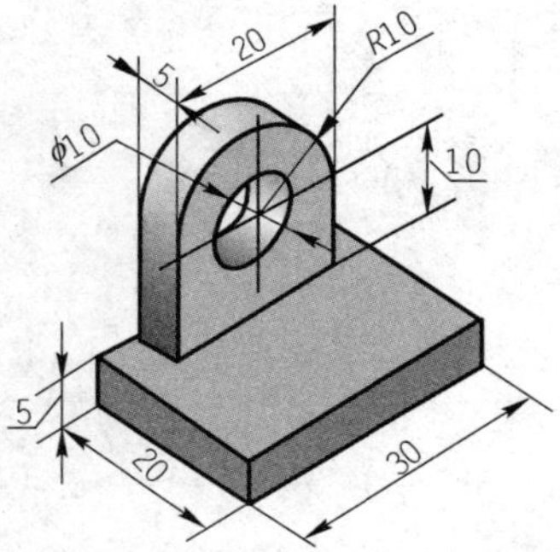

6.

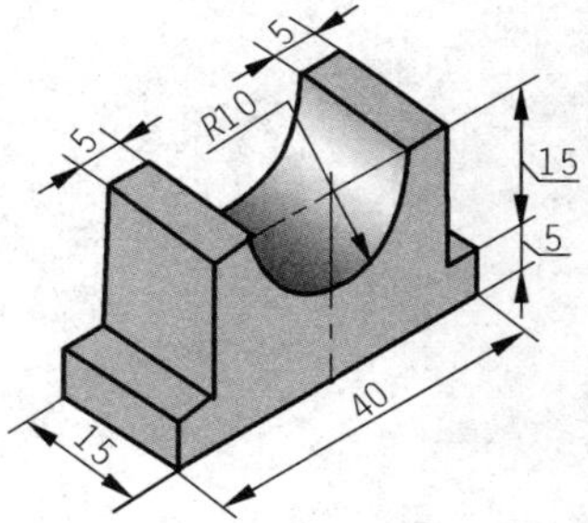

7.

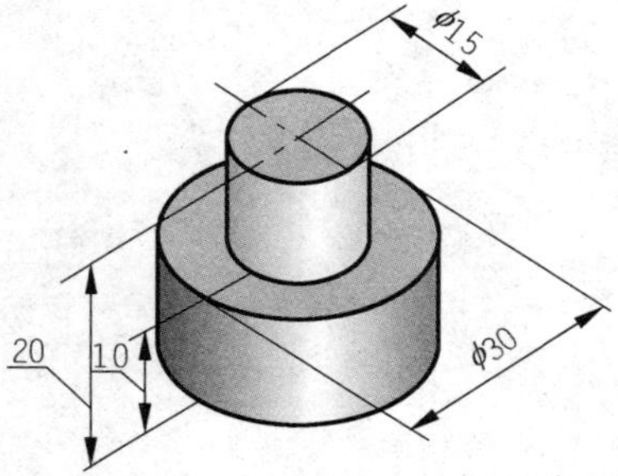

8.

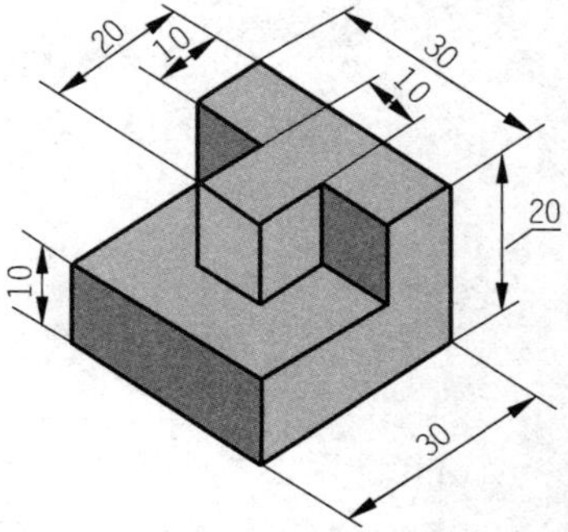

班级　　　　姓名

3-7　求立体表面点的其他两面投影

1.

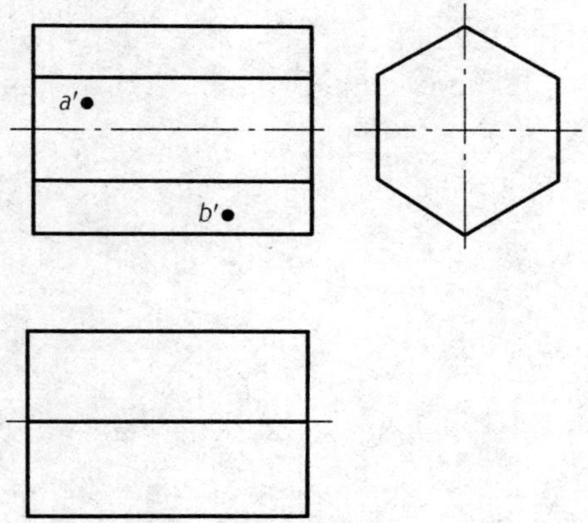

2.

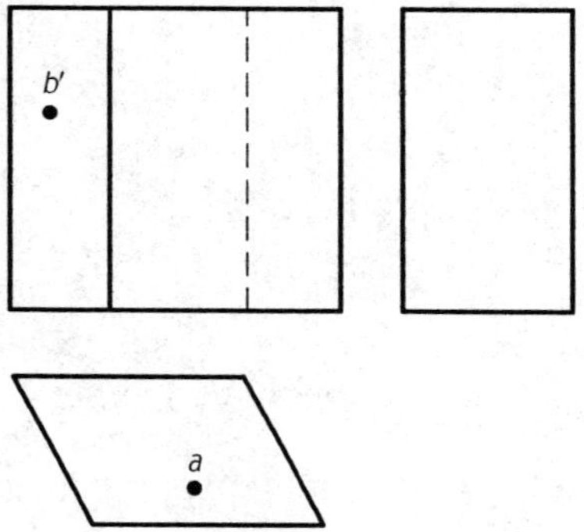

3.

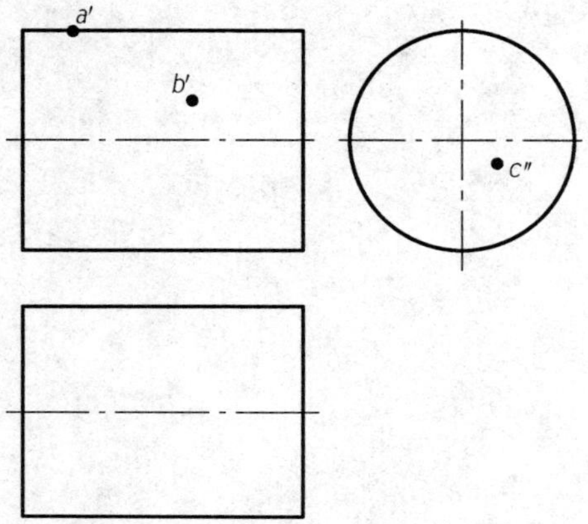

4.

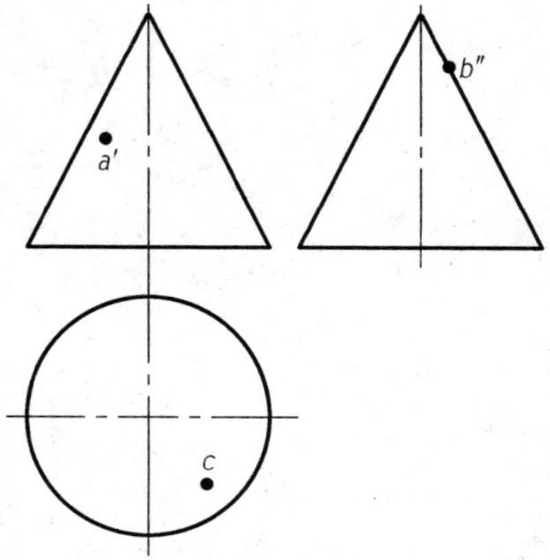

班级　　　　　　　　姓名

3－8　画出几何体的第三视图，并求出表面点的第三面投影

1.

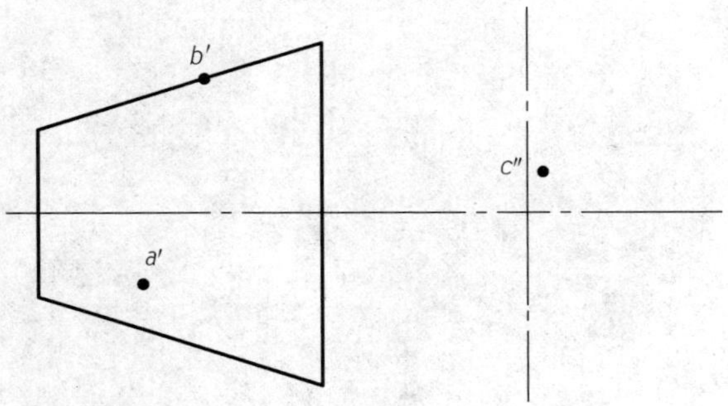

2.

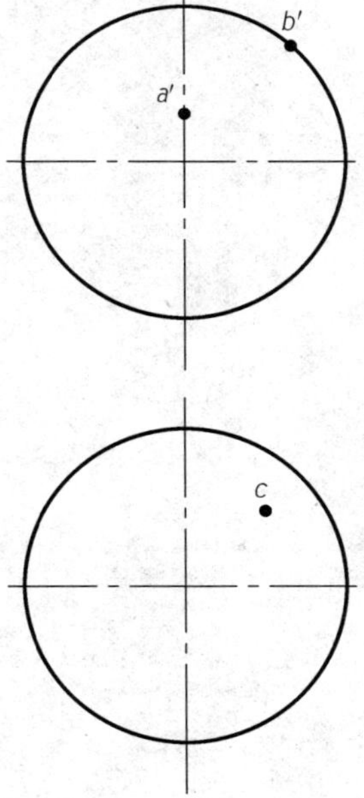

班级　　　　　　　　姓名

4－1　对照立体图补画第三视图

1.

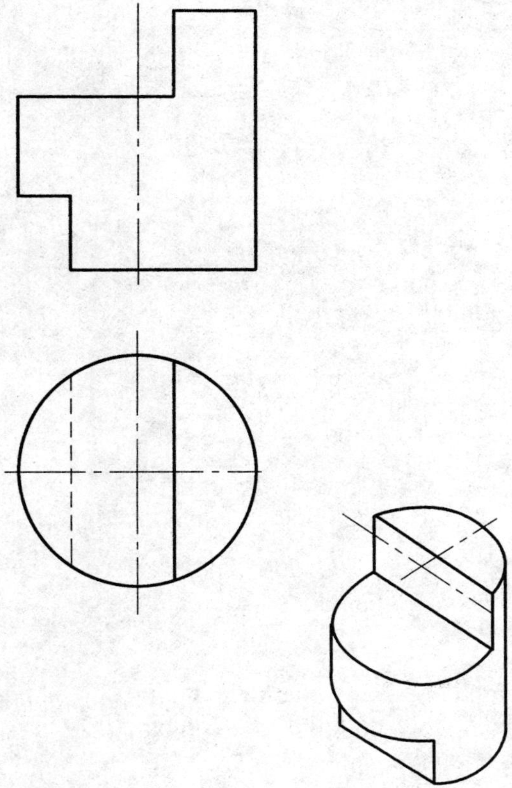

2.

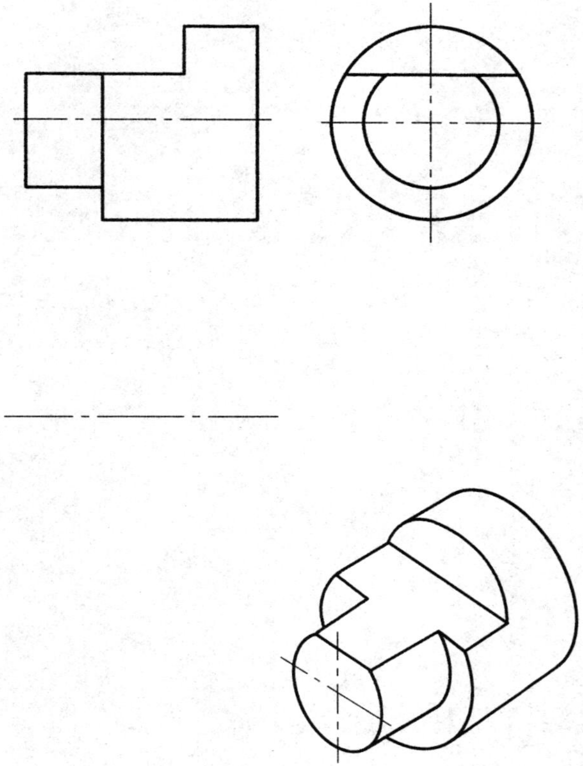

班级　　　　　　　　姓名

4－2　选择正确的视图

在下面小图中选择正确的视图，并画入三视图中

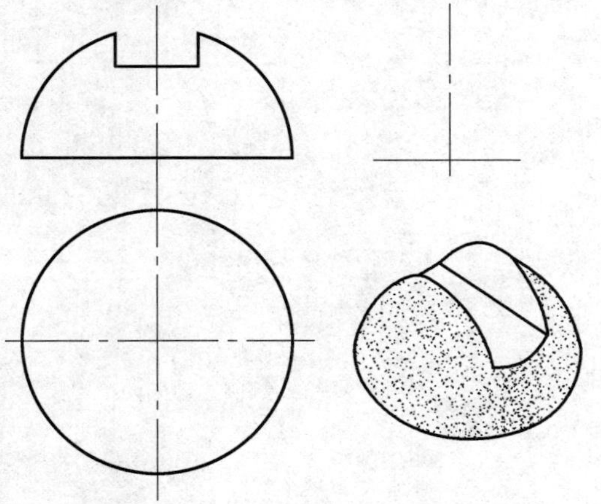

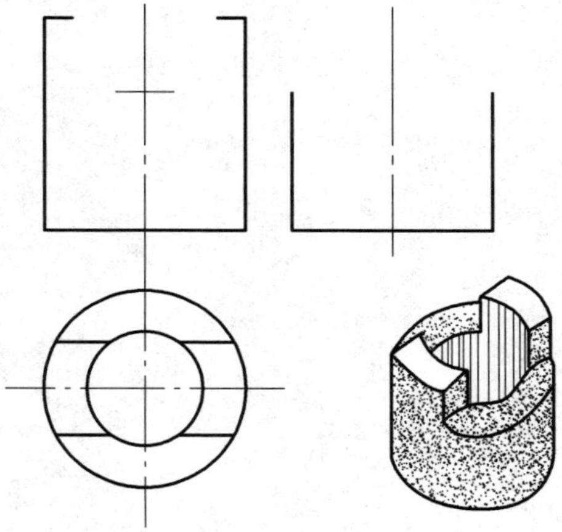

俯视图

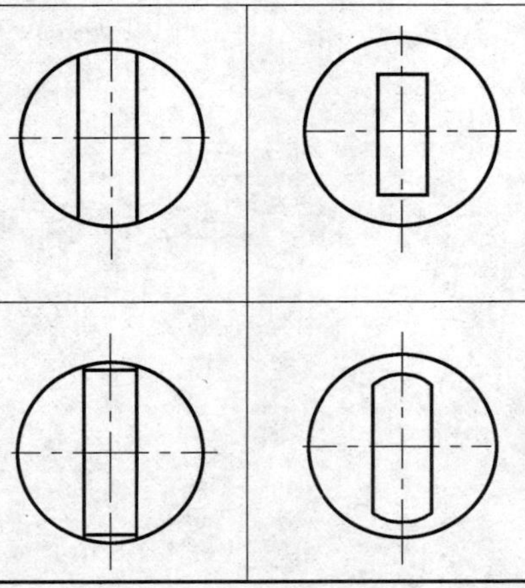

左视图

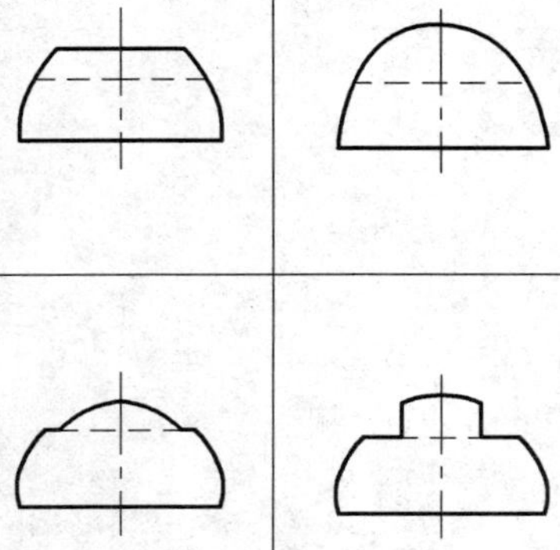

主视图

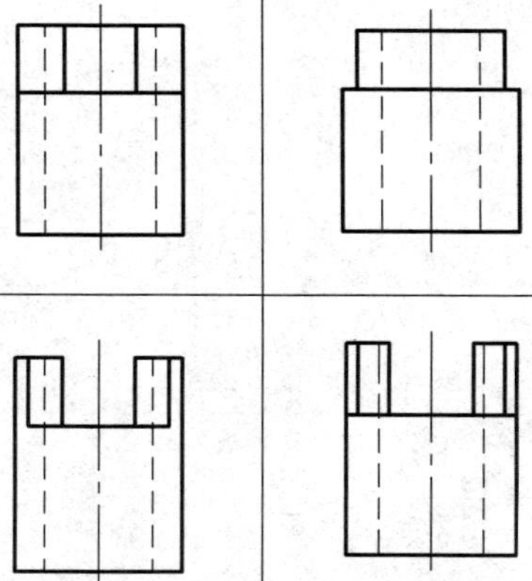

左视图

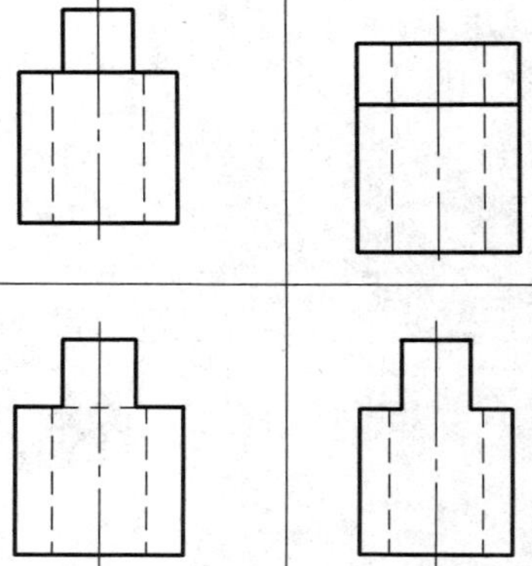

班级　　　　姓名

4－3　参看立体图，完成切割体的投影

1.

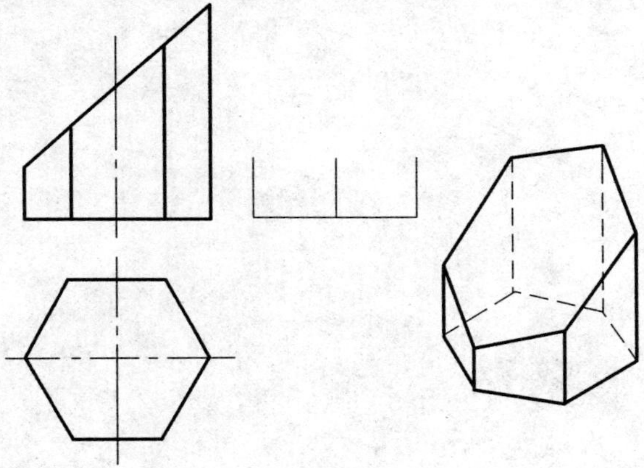

2.

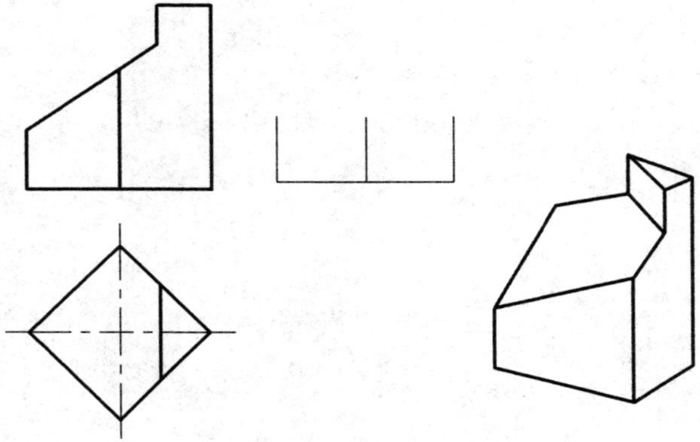

3.

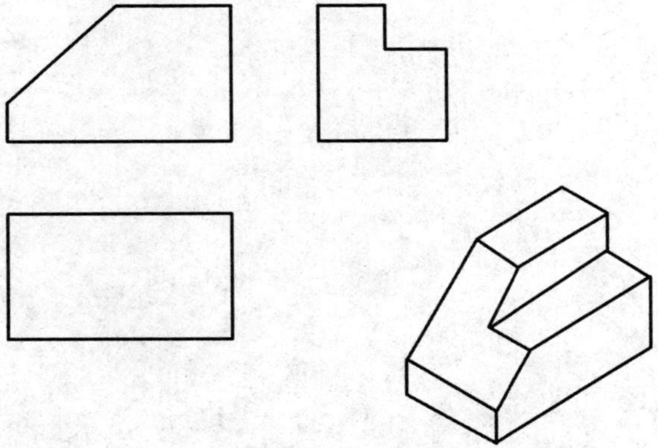

4.

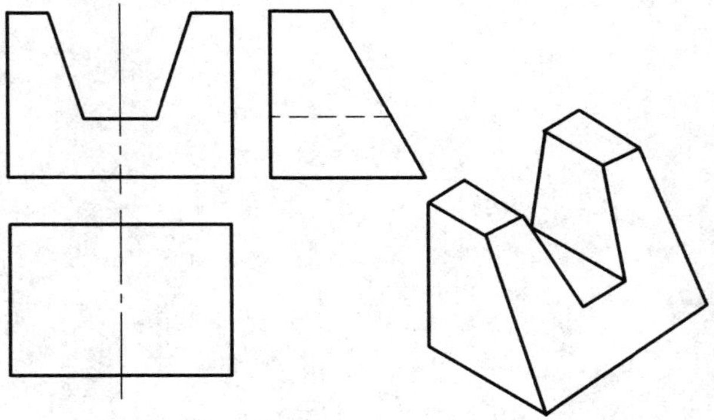

班级　　　　　　　　姓名

5.

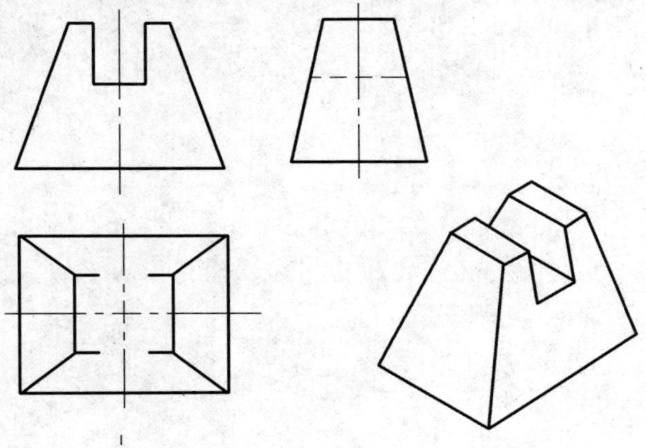

6.

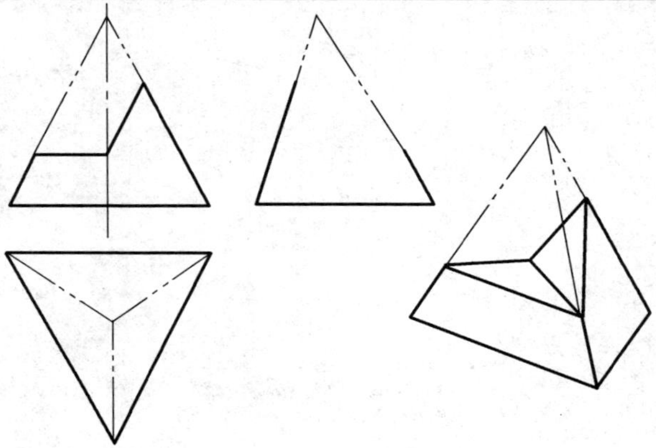

7.

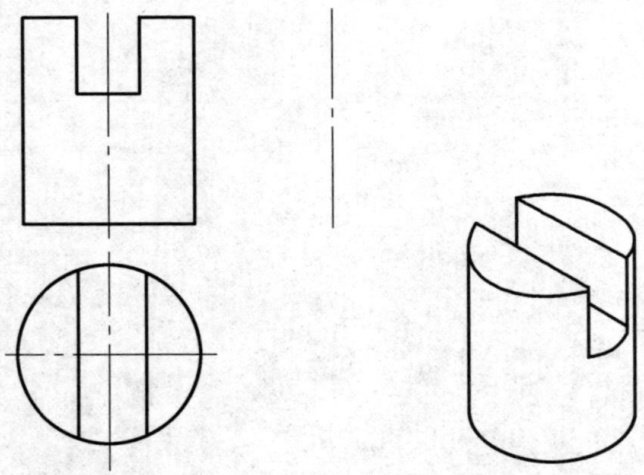

8.

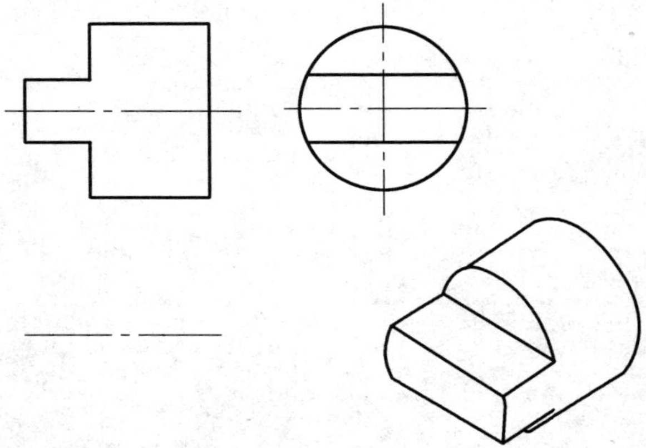

班级　　　　　　　　姓名

4-4　平面与平面立体相交

1.求作开槽长方体被正垂面截切后的水平投影。

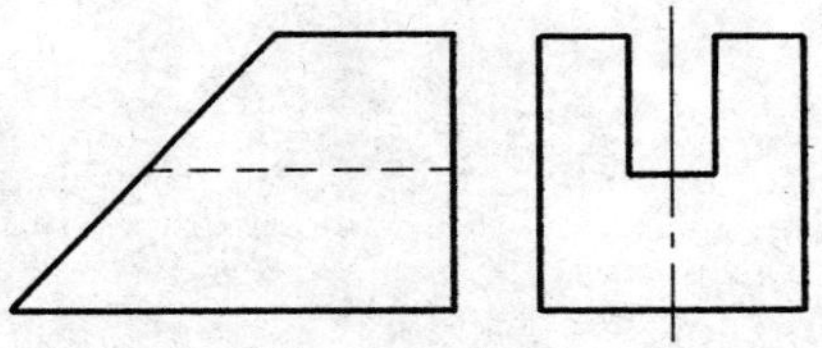

2.补全正四棱柱开通槽的水平投影，并补画其侧面投影。

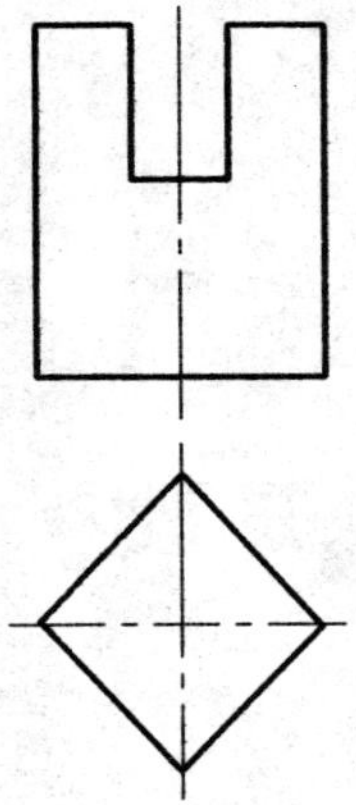

3.补画正五棱柱侧面投影和正垂面截切后的侧面投影。

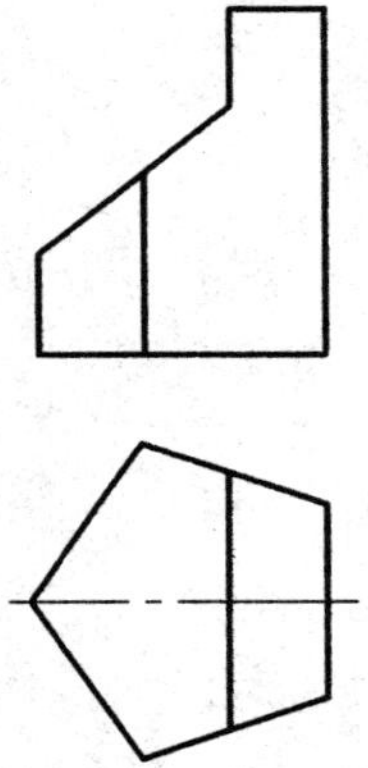

4.补画左视图。

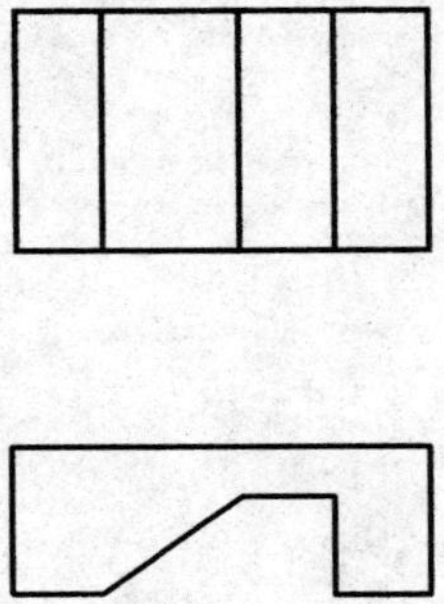

5.补画俯视图。

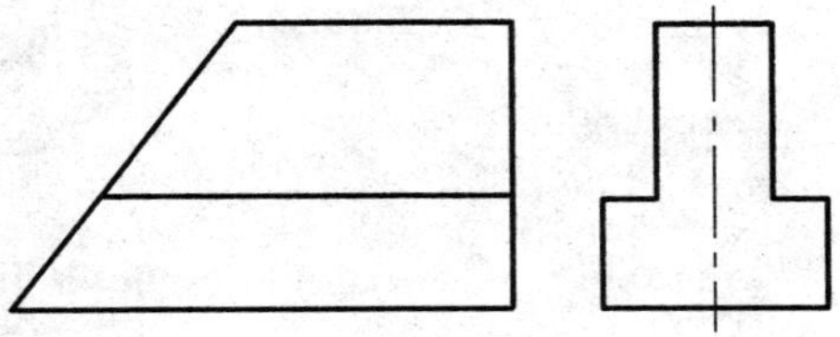

6.补画俯视图。

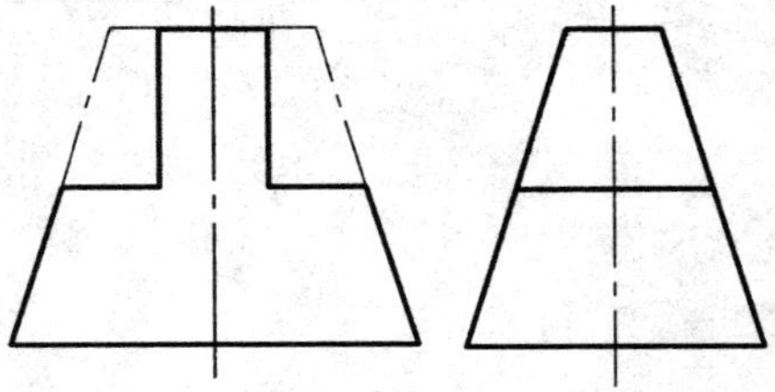

班级　　　　　　姓名

4-5　求作切割回转体的第三视图

1.

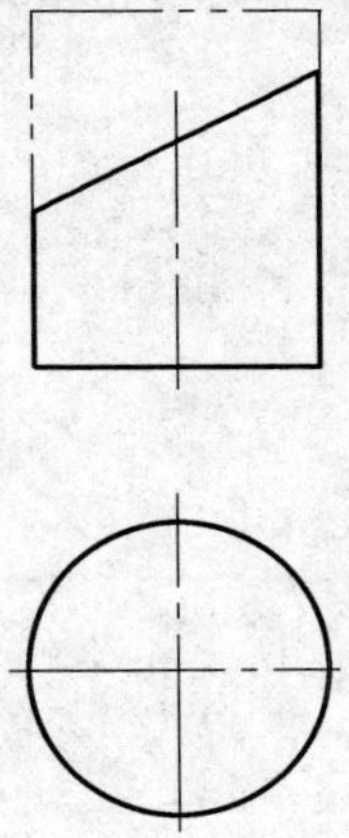

2.

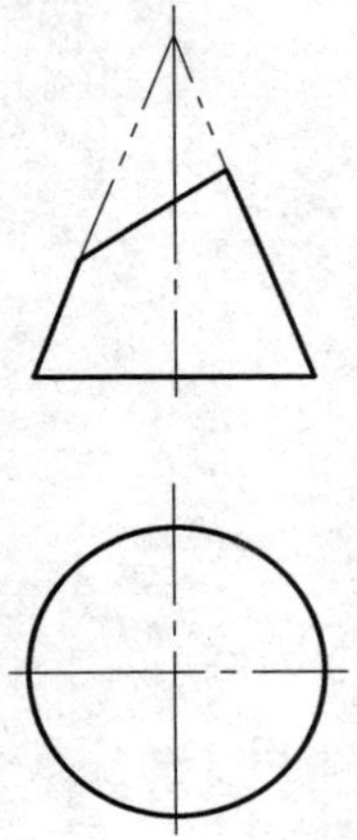

3.

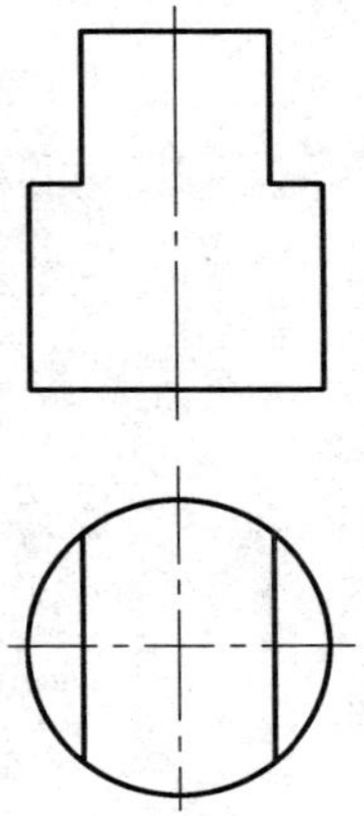

4.

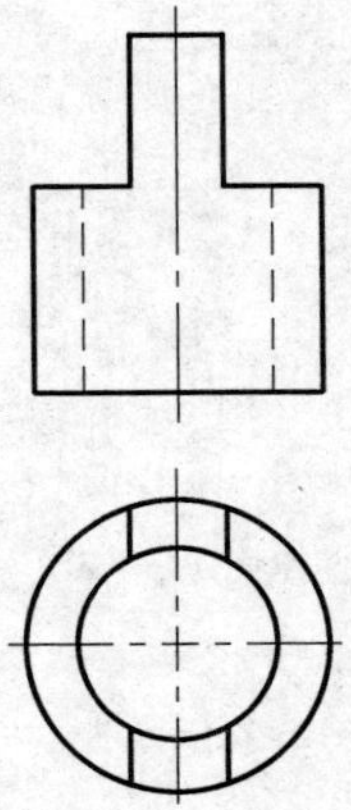

5.

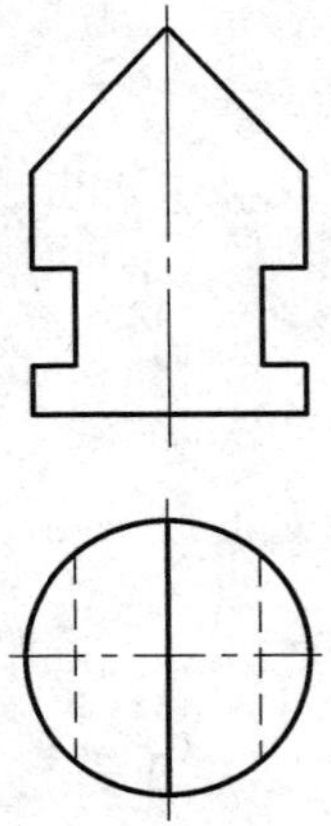

6.

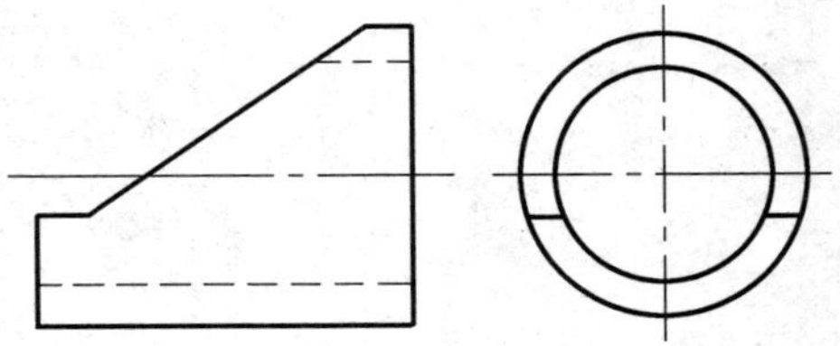

班级　　　　　　姓名

4-6　选择正确的左视图

已知主、俯视图，选择正确的左视图，并在括号内打√

1.

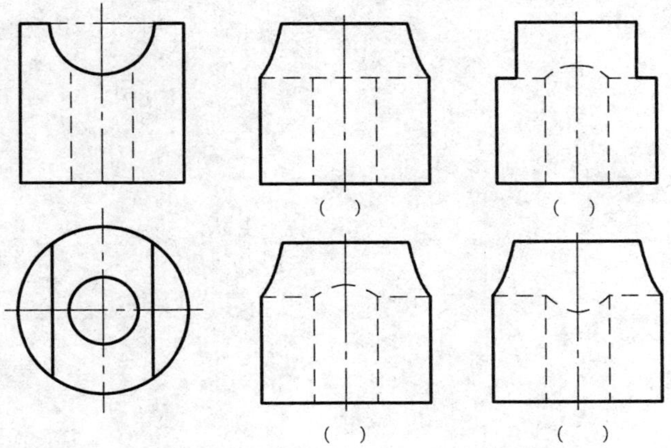

2.

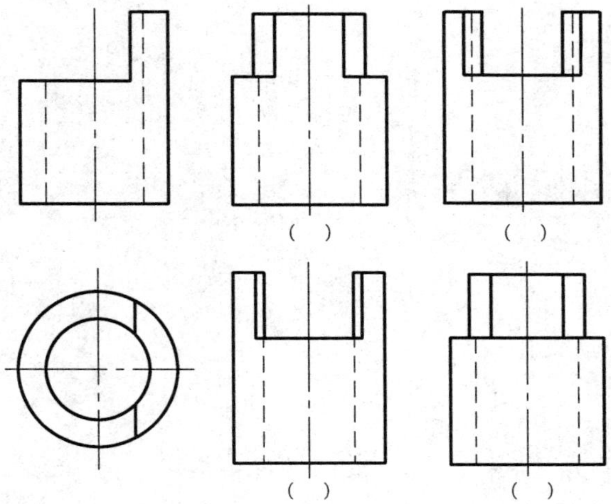

3.

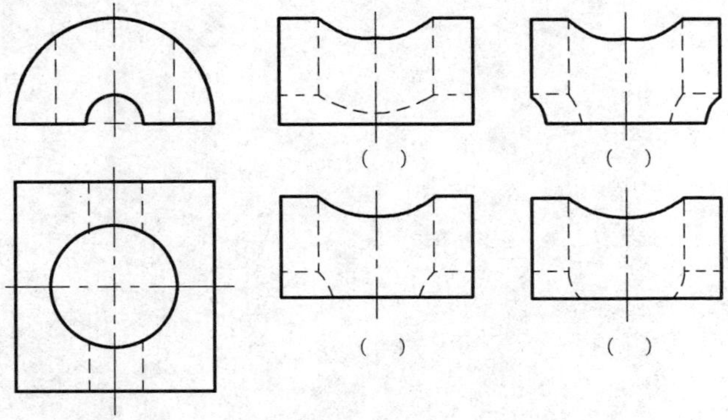

4.

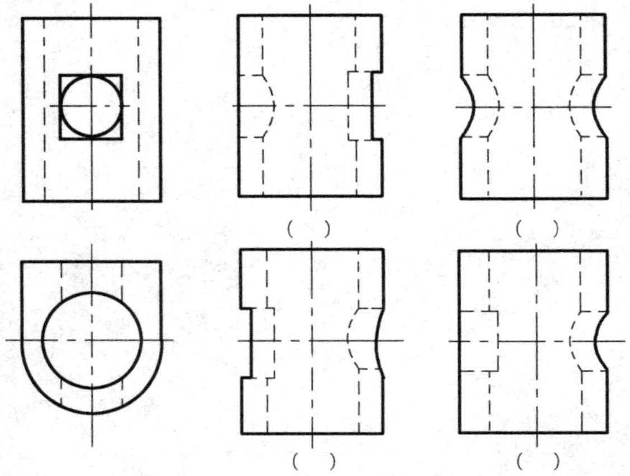

班级　　　　　　姓名

4－7　补画视图的相贯线

1.

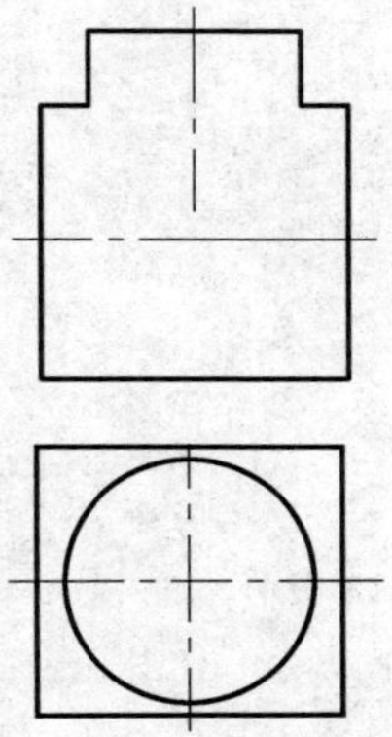

2.

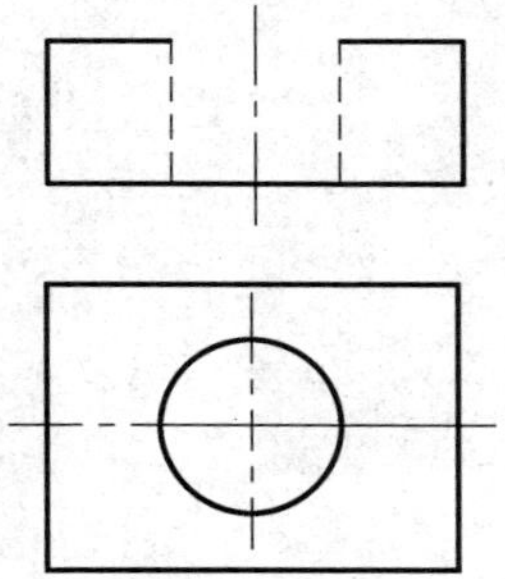

3.

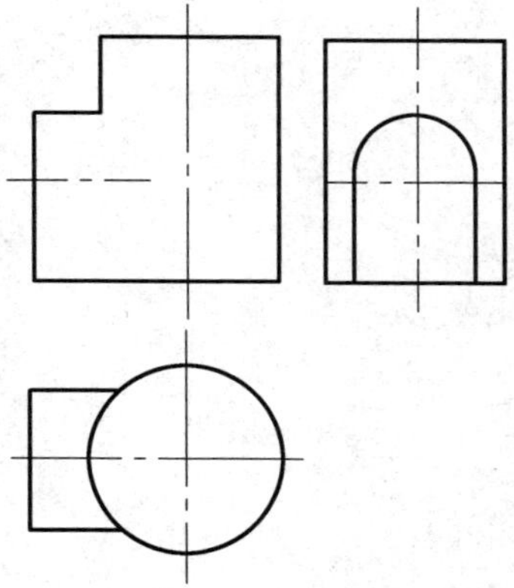

4.

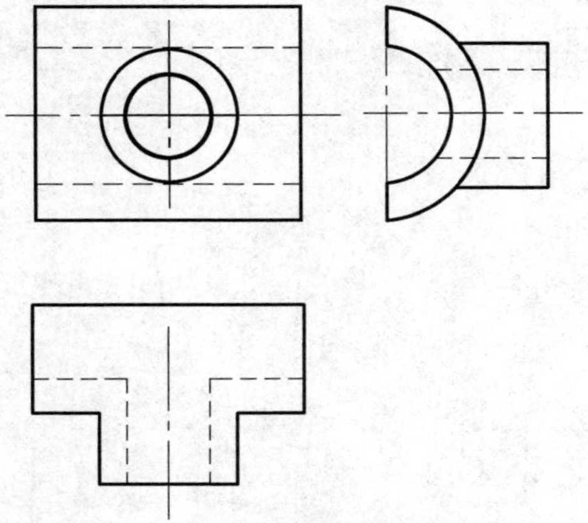

5.

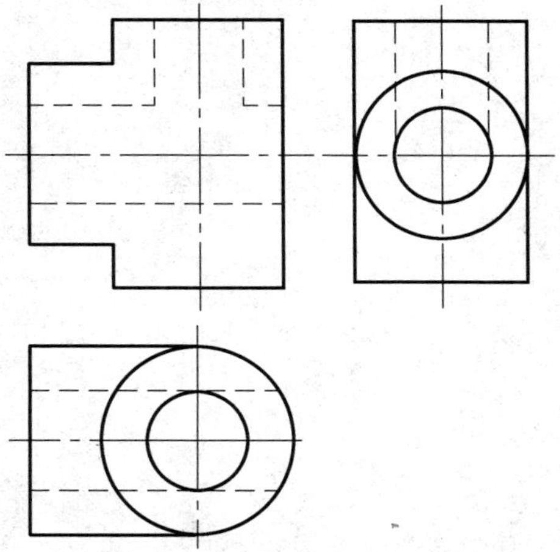

班级　　　　　　姓名

5-1 画正等轴测图

1.

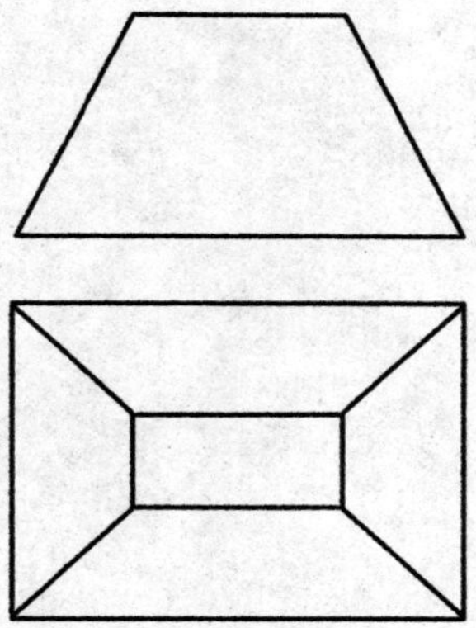

2.

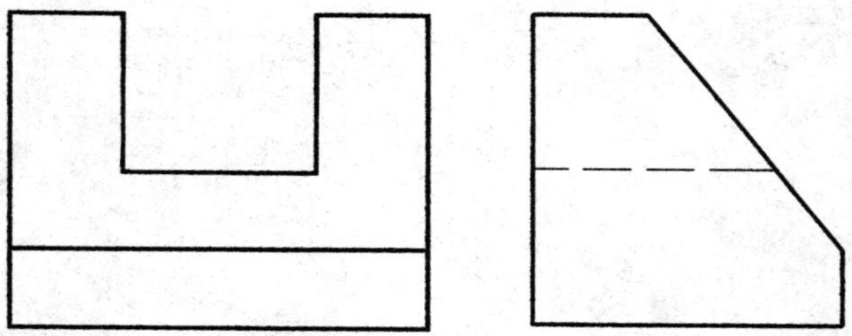

班级　　　　　　　　姓名

1

2

3.

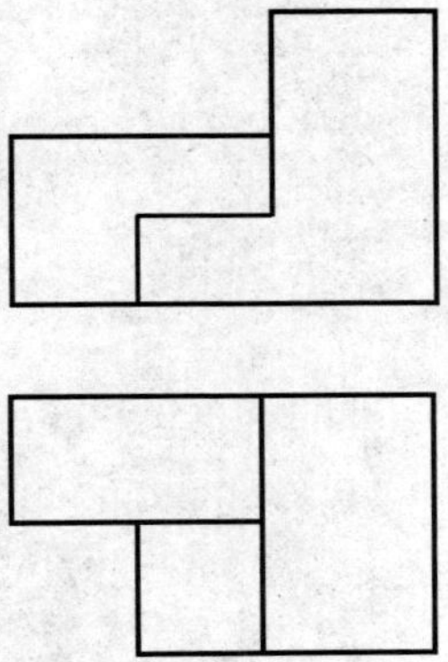

4.

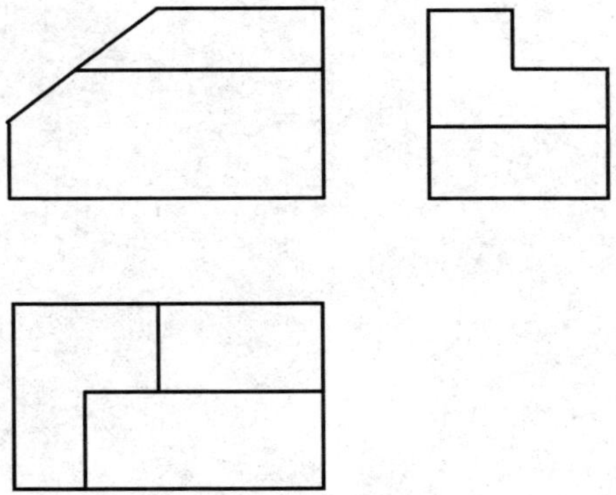

班级　　　　　　姓名

5-1　画正等轴测图（续）

5.

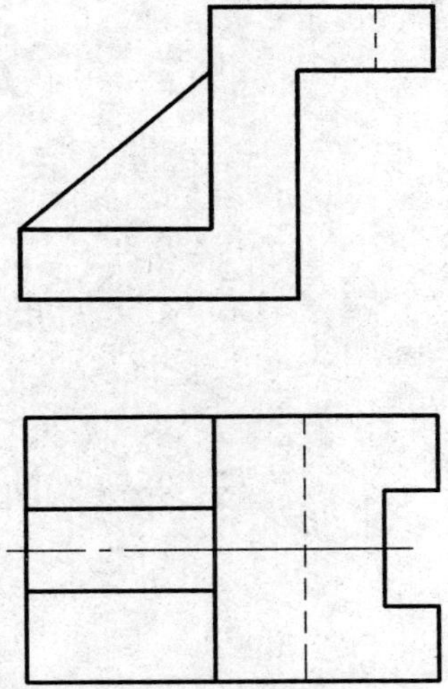

6.

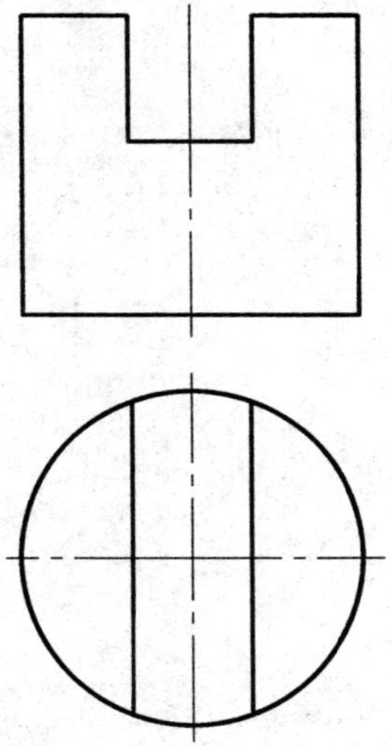

班级　　　　　　姓名

5－2　完成正等轴测图

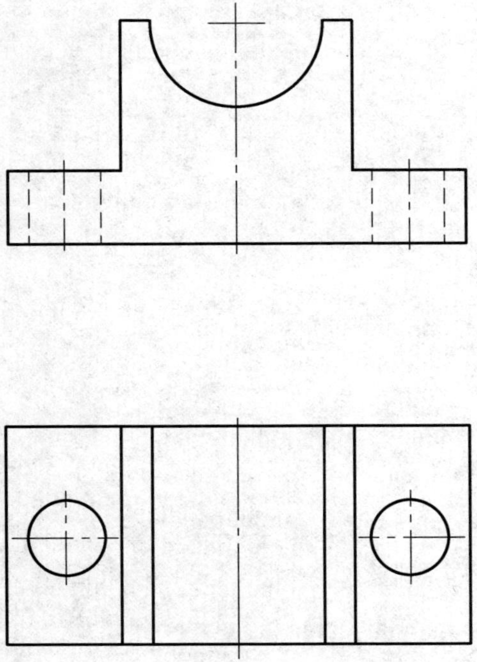

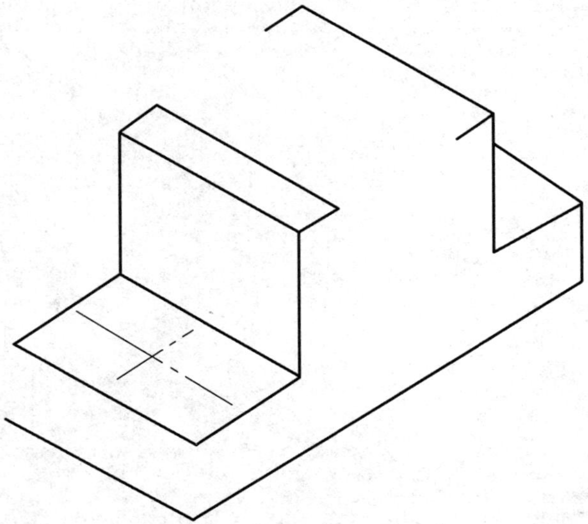

班级　　　　　　　　姓名

5-3 画斜二轴测图

1.

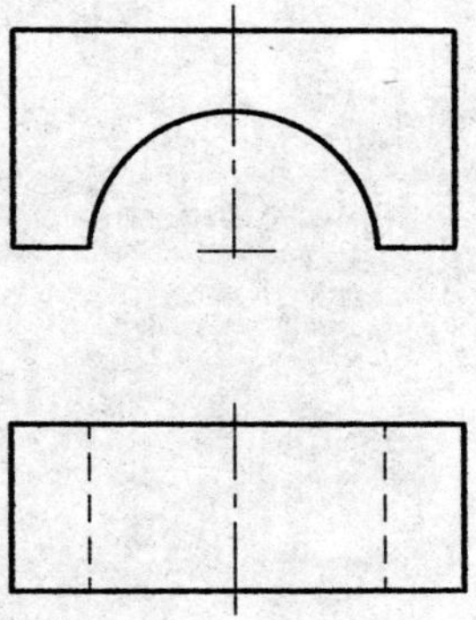

2.

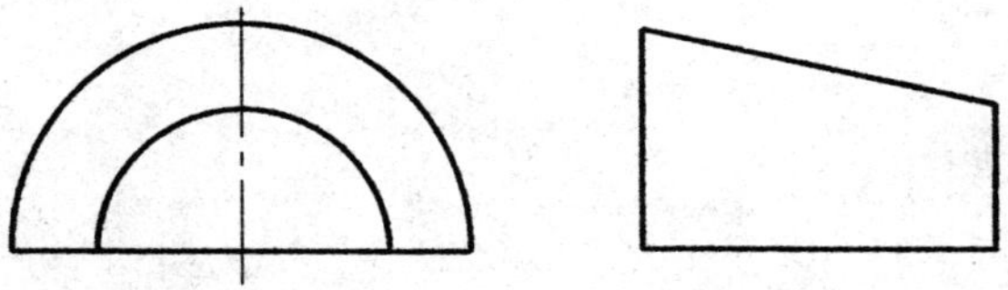

班级 姓名

5－3　画斜二轴测图（续）

3.

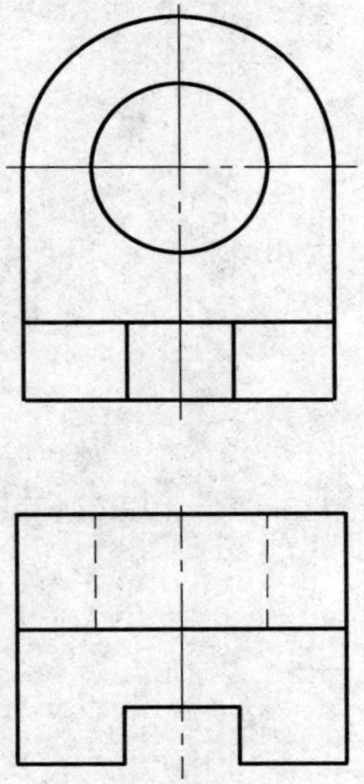

4.

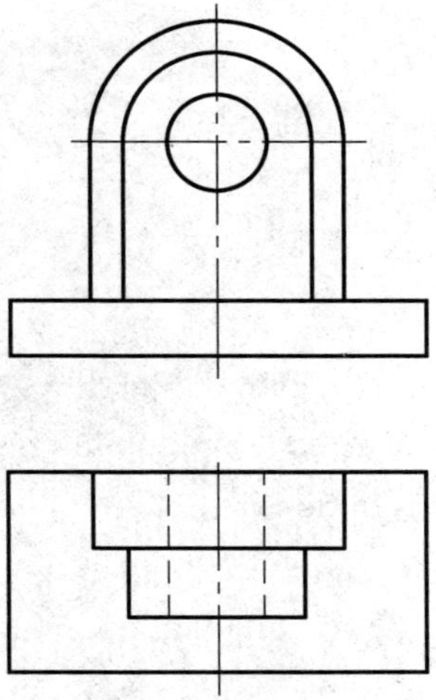

班级　　　　　　姓名

6－1　选择题

1. 根据物体的主、俯视图，选择正确的左视图。

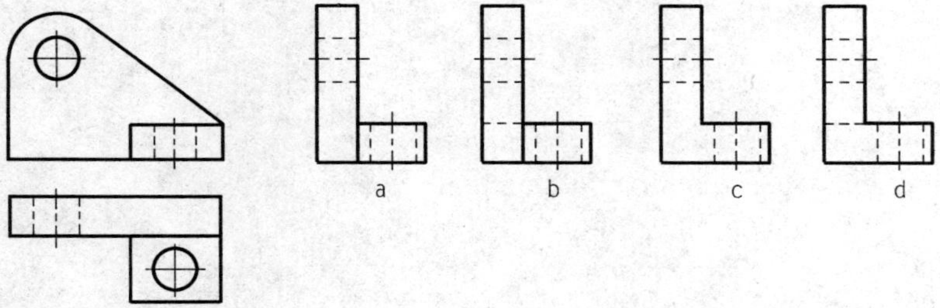

2. 根据物体的主、俯视图，选择正确的左视图。

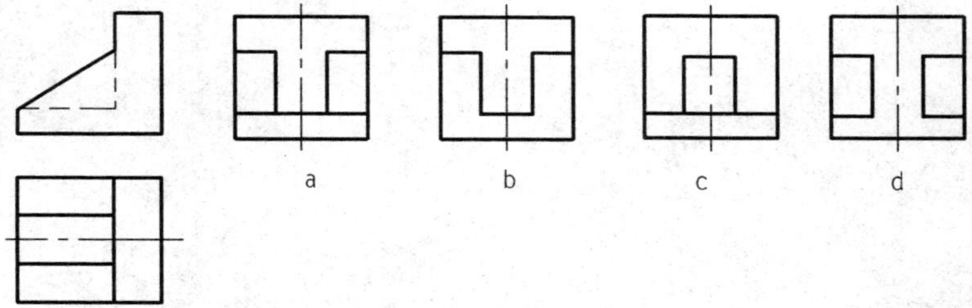

3. 根据物体的俯、左视图，选择正确的主视图。

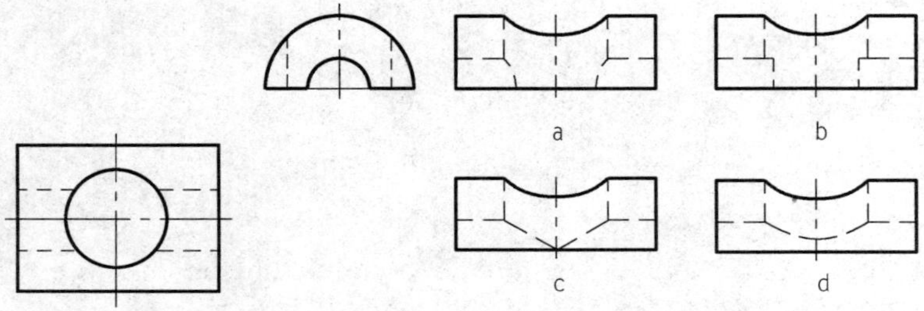

4. 根据物体的俯视图，选择正确的主视图。

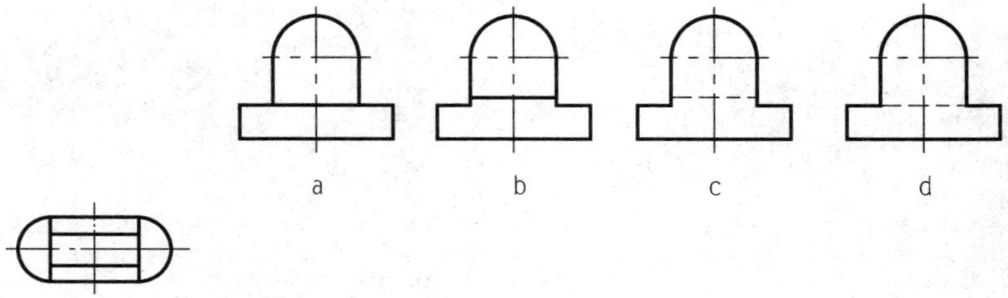

班级　　　　　　　　姓名

5. 根据物体的俯、左视图，选择正确的主视图。

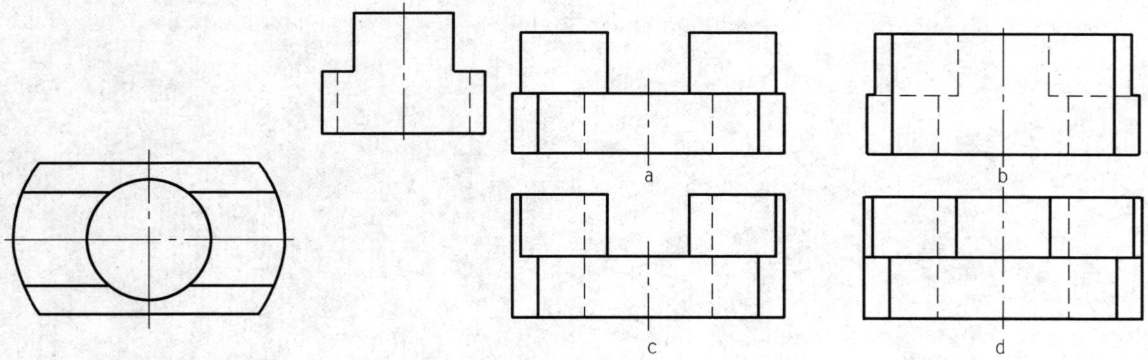

6. 根据物体的俯视图，选择正确的主视图。

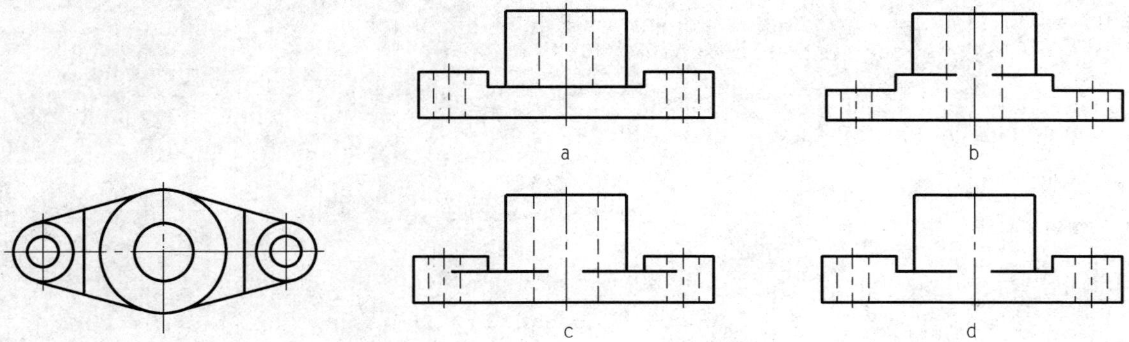

班级　　　　　　　　姓名

7. 根据物体的俯视图，选择正确的主视图。

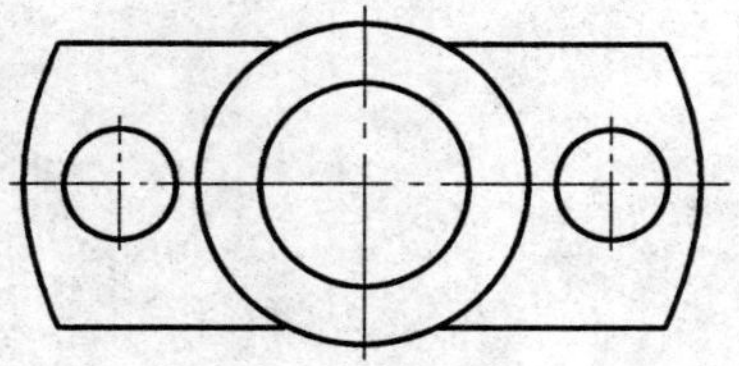

a

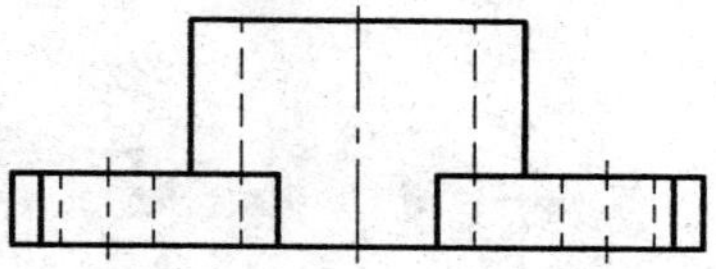

b

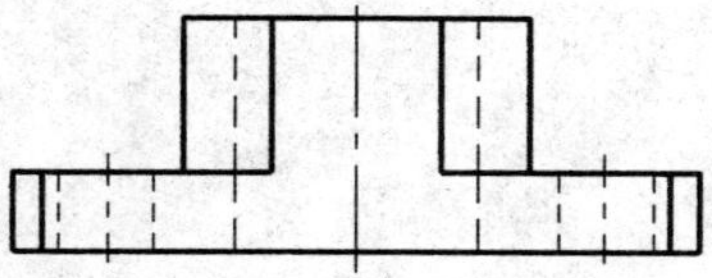

c

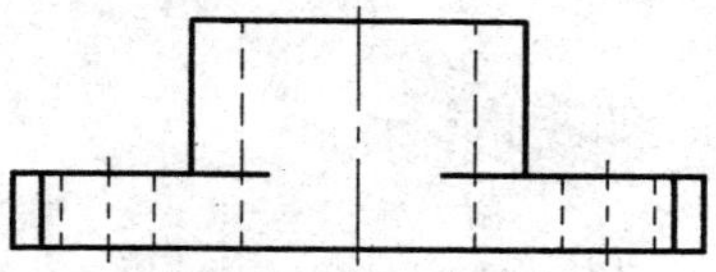

d

8．下列四组图形中，哪一组没有漏线。

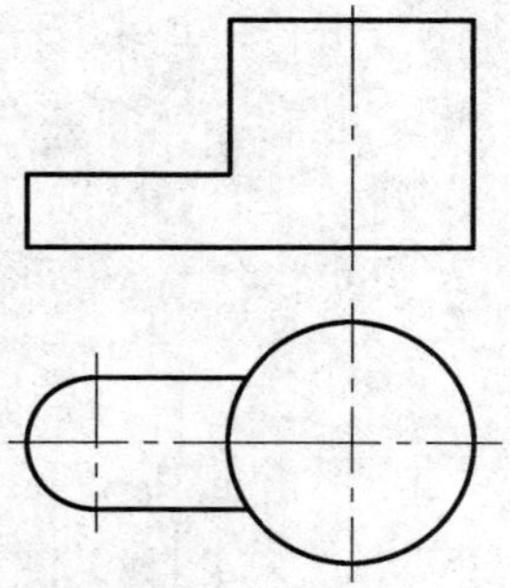

a

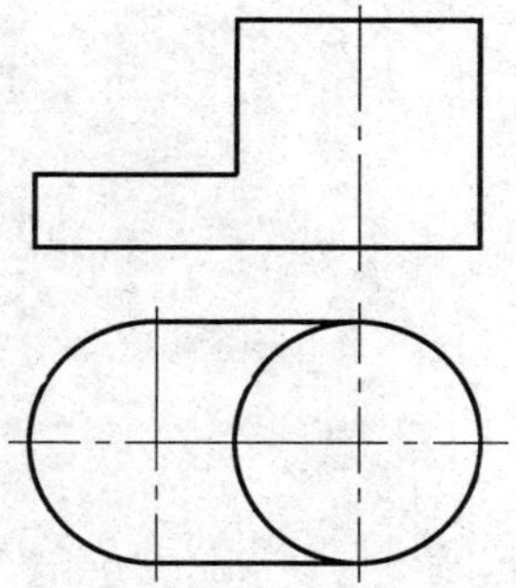

b

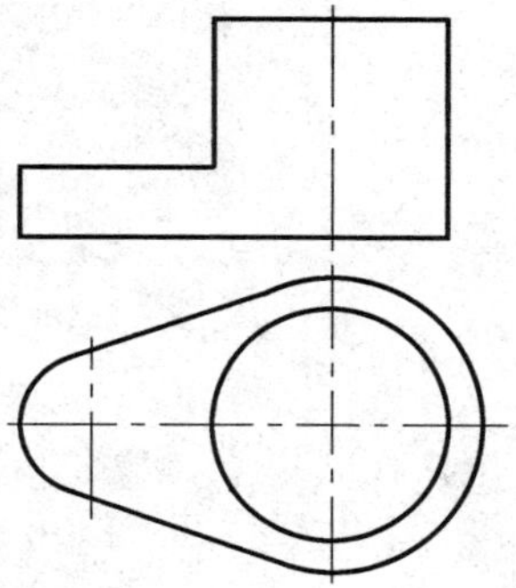

c

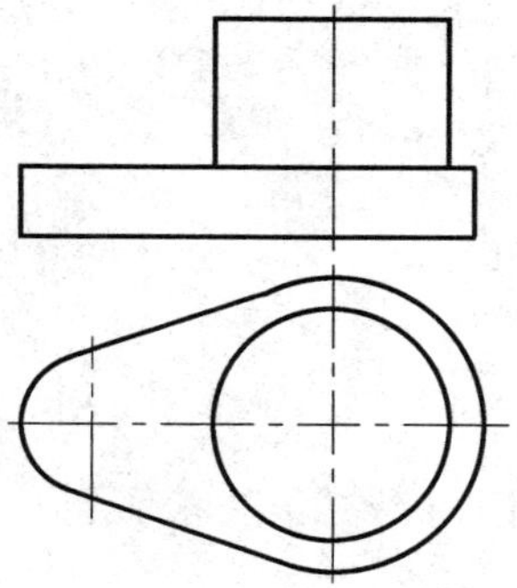

d

班级　　　　姓名

6－2　根据立体图补画三视图中缺漏的线

1.

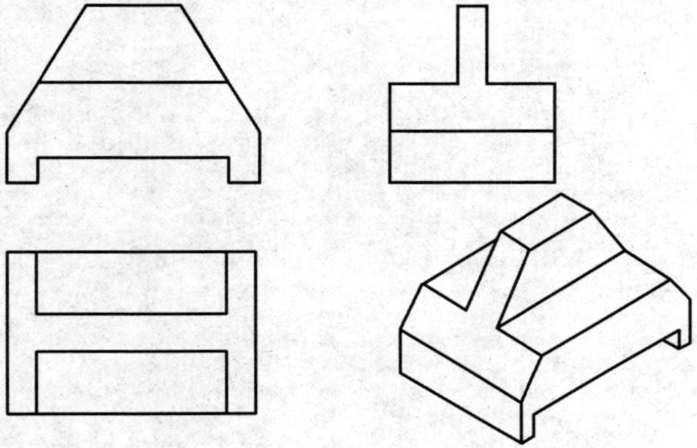

2.

3.

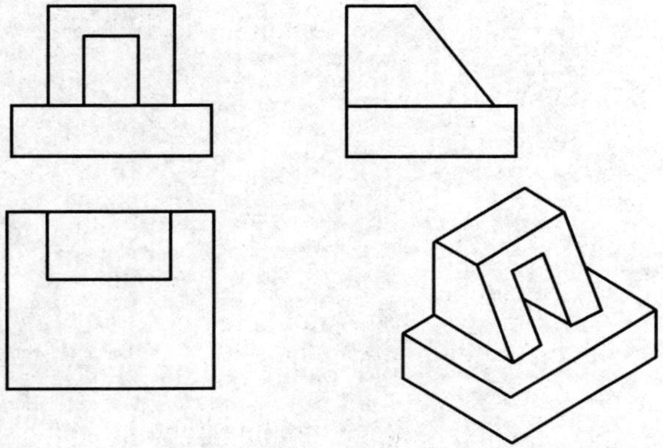

4.

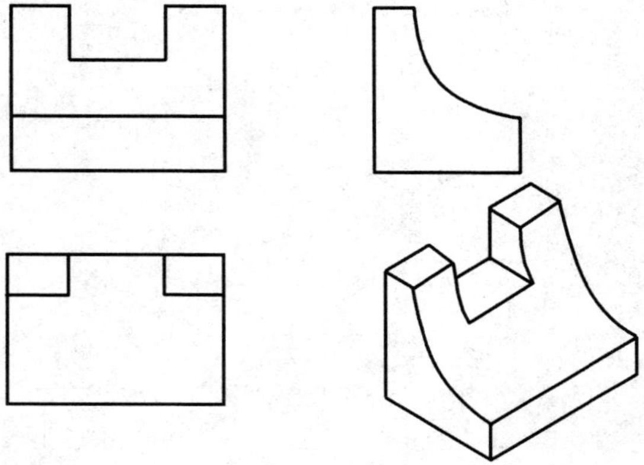

班级　　　　　　姓名

6－2　根据立体图补画三视图中缺漏的线（续）

5.

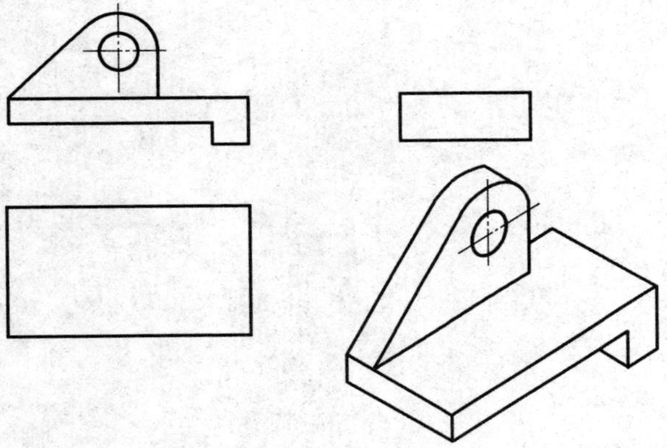

6.

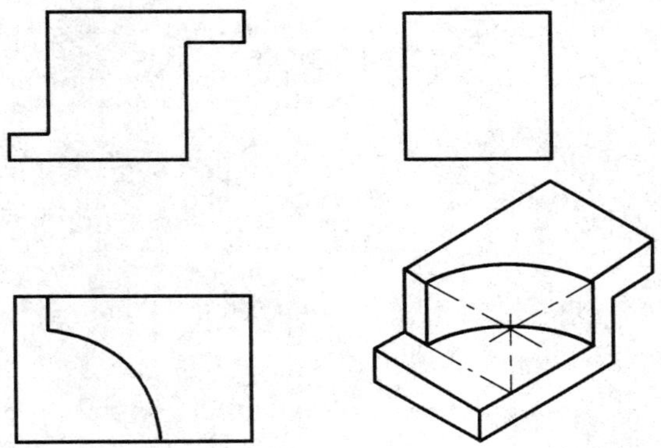

7.

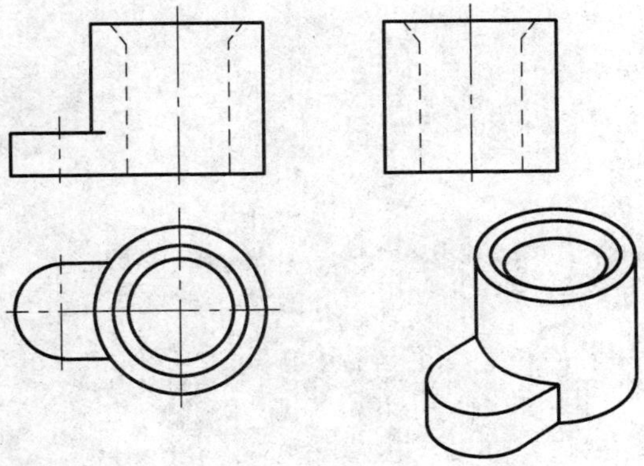

8.

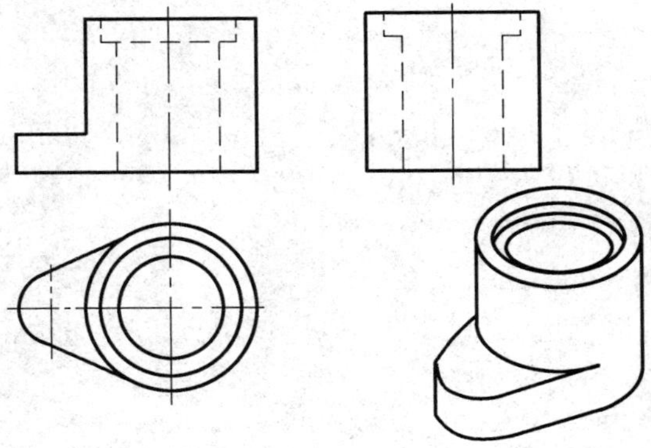

班级　　　　　　　　姓名

6－3　分析图形结构，补画视图中缺漏的线

1.

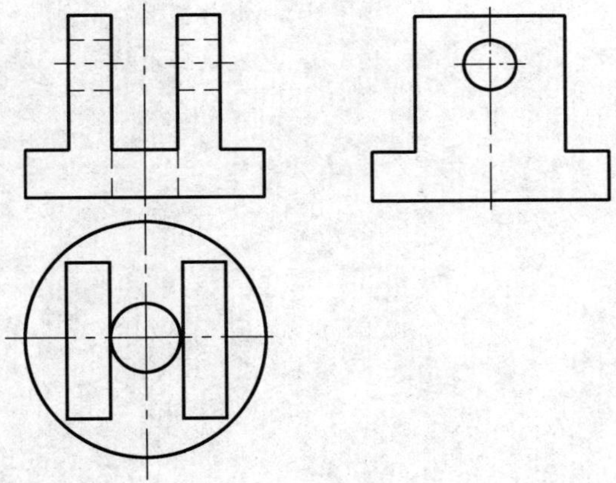

2.

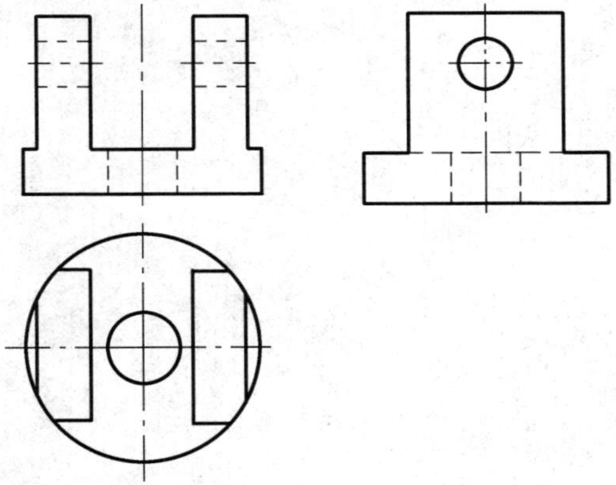

3.

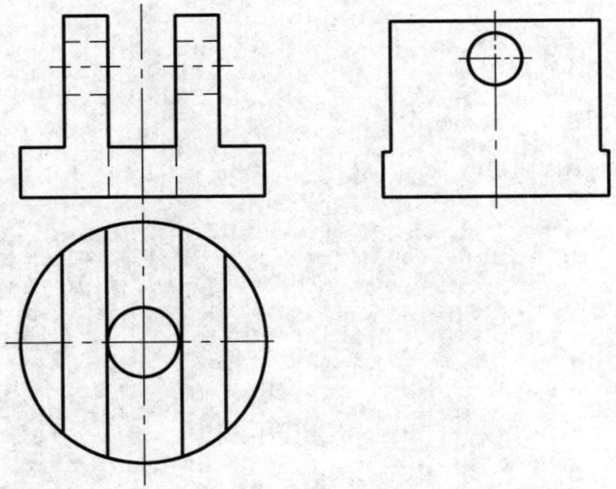

4.

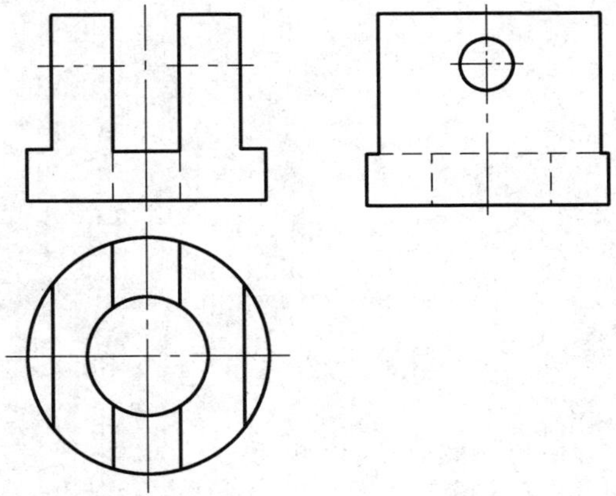

班级　　　　　　　　姓名

6－4　补全主视图中所缺的图线

1.

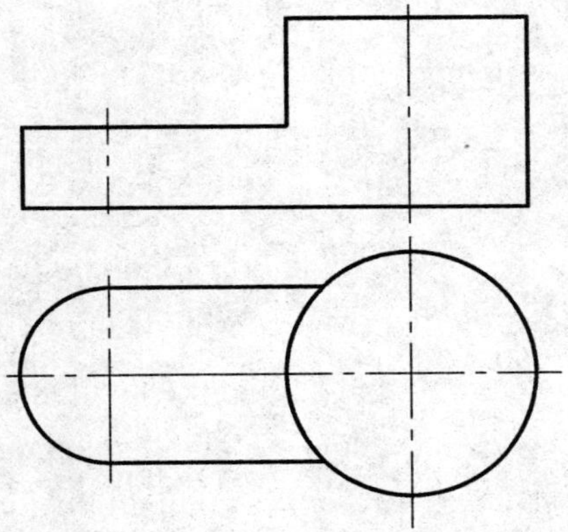

2.

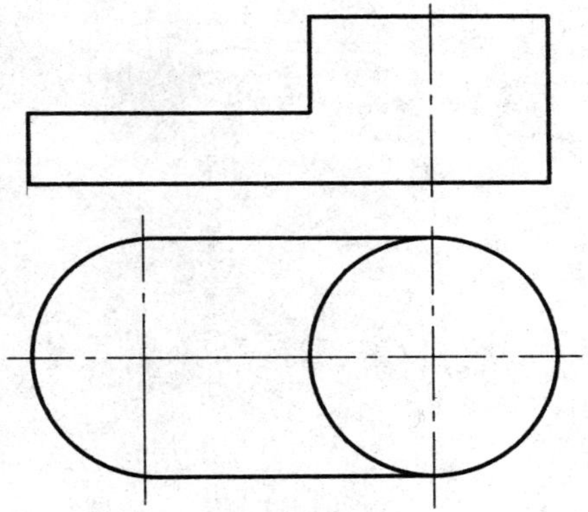

3.

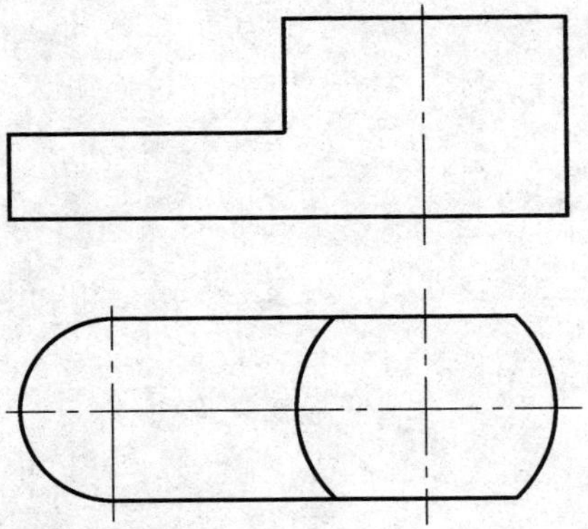

4.

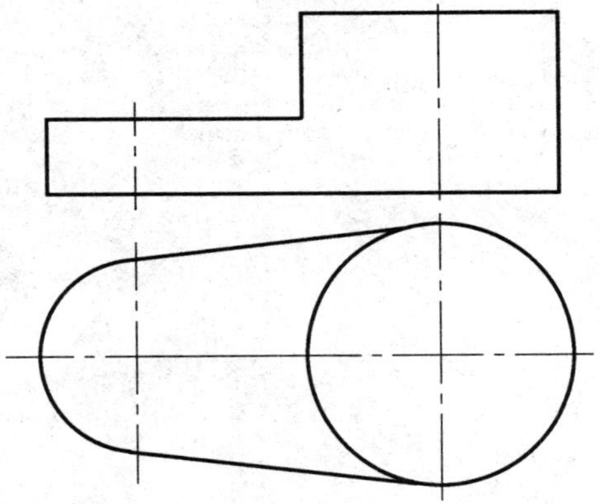

班级　　　　　　　　姓名

6-5　按图示尺寸画组合体的三视图

1.

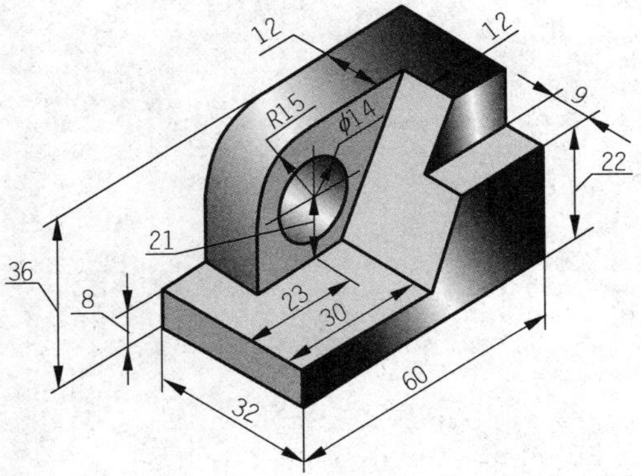

2.

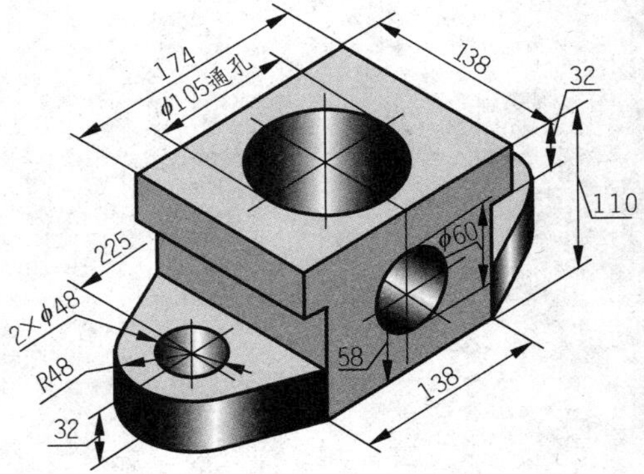

班级　　　　　　　　姓名

6－5　按图示尺寸画组合体的三视图（续）

3.

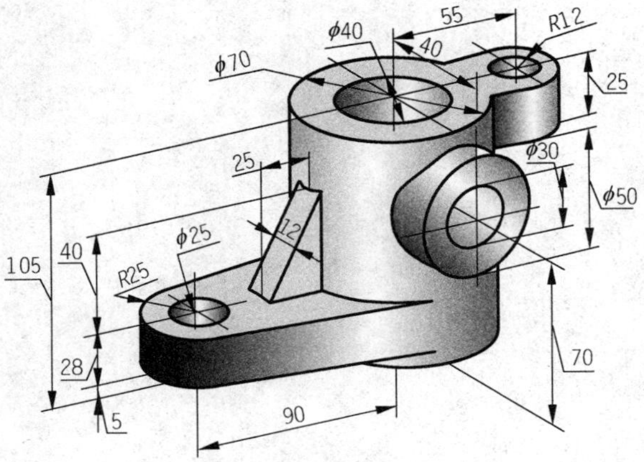

4.

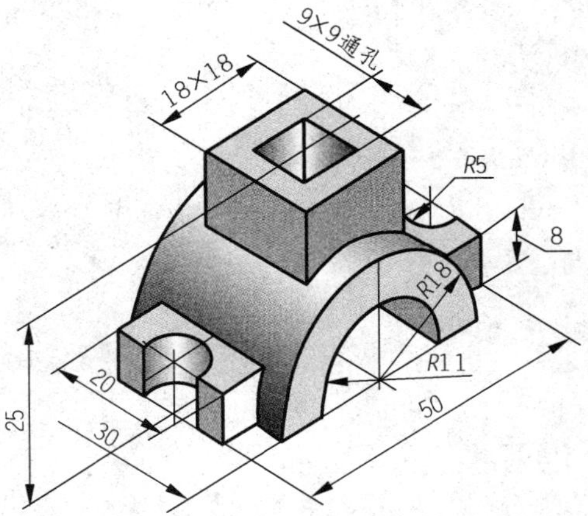

班级　　　　　　　　姓名

5.

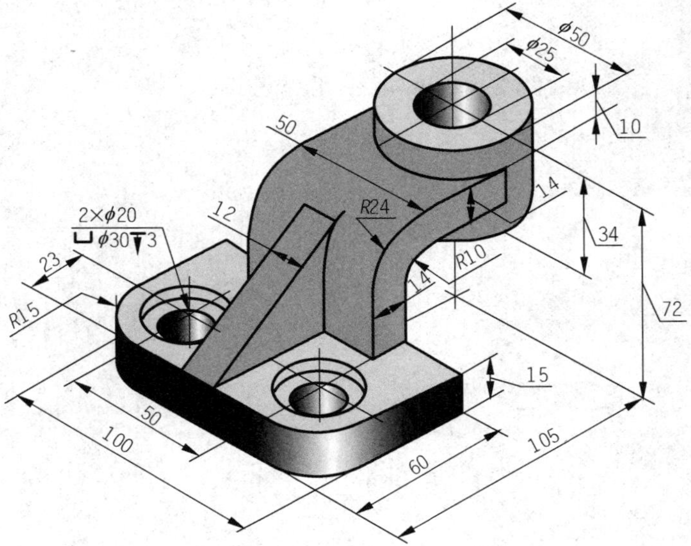

φ50
φ25
10
50
14
R24
12
2×φ20
⊔φ30↧3
34
23
R10
14
R15
72
15
50
100
60
105

班级　　　　　　　　　　姓名

6-5 按图示尺寸画组合体的三视图（续）

6.

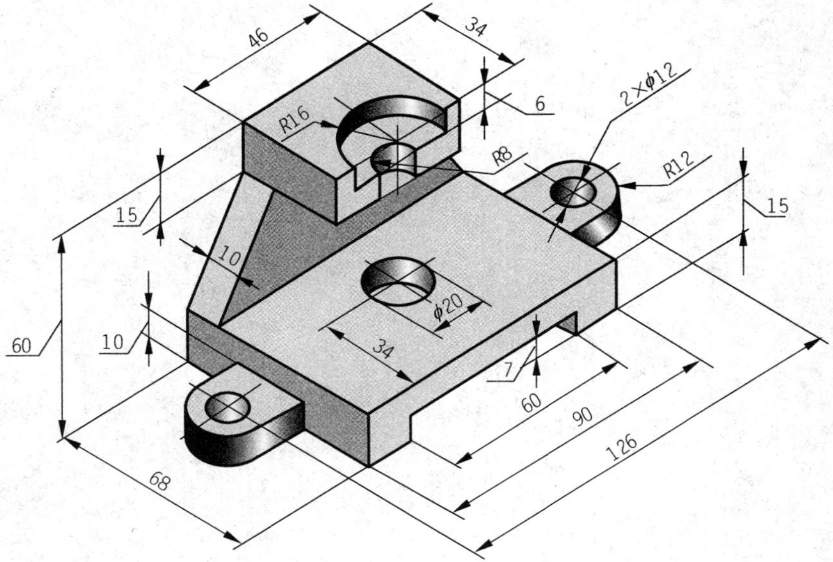

班级　　　　姓名

1.

大作业二　组合体三视图的绘制

一、内容

(1) 根据轴测图画组合体的三视图。

(2) 标注尺寸。

二、目的

(1) 学习运用形体分析法画组合体的三视图。

(2) 学习运用形体分析法标注组合体的尺寸。

三、要求

(1) 选择正确主视图和俯、左视图。

(2) 标注尺寸要做到正确，齐全、清晰。

四、注意事项

(1) 应用形体分析法进行形体分析。

(2) 要按照正确的画图步骤画图。

(3) 应以反映组合体各组成部分形状和相对位置明显的方向作为主视图的投射方向。

(4) 应用形体分析法标注尺寸，不要完全照搬轴测图上的尺寸标注，要根据三视图的具体情况重新考虑尺寸配置。

(5) 若从轴测图测量尺寸，要取整数。

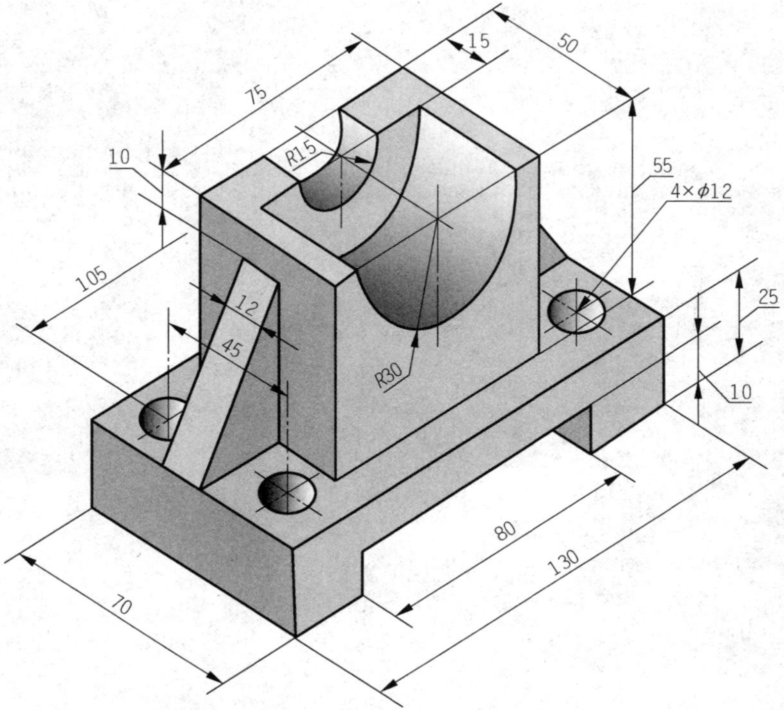

班级　　　　　姓名

2.

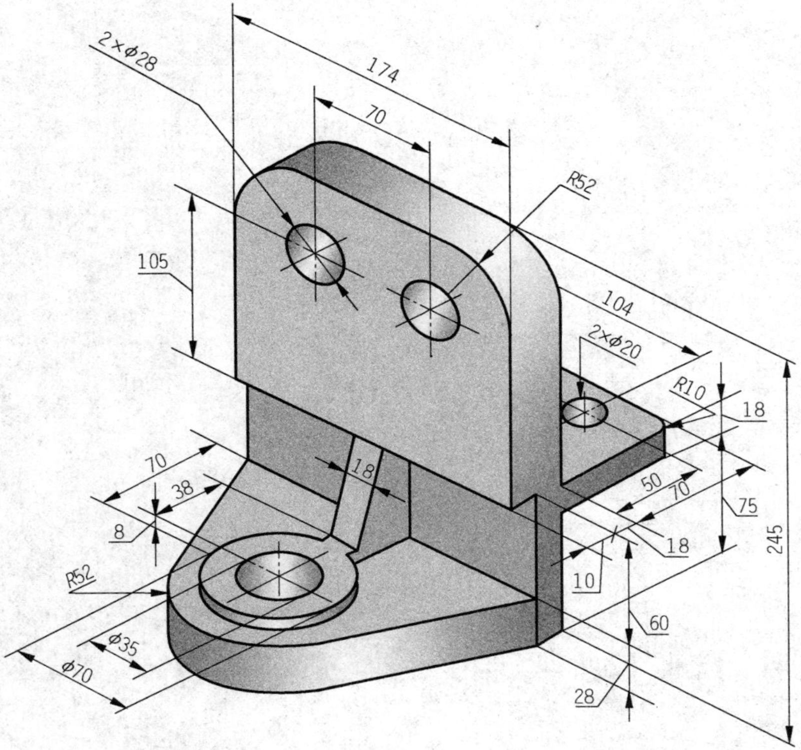
2×ϕ28
174
70
R52
105
104
2×ϕ20
R10
18
70
38
18
8
50
70
75
18
245
R52
10
60
ϕ35
ϕ70
28

班级　　　　　　姓名

6－7 补画组合体的第三视图

1.

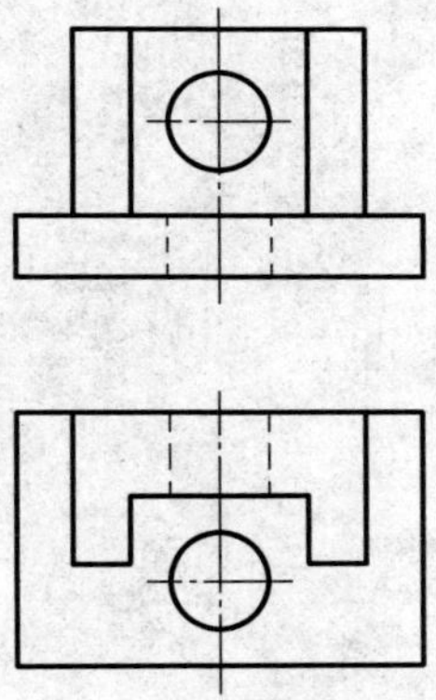

2.

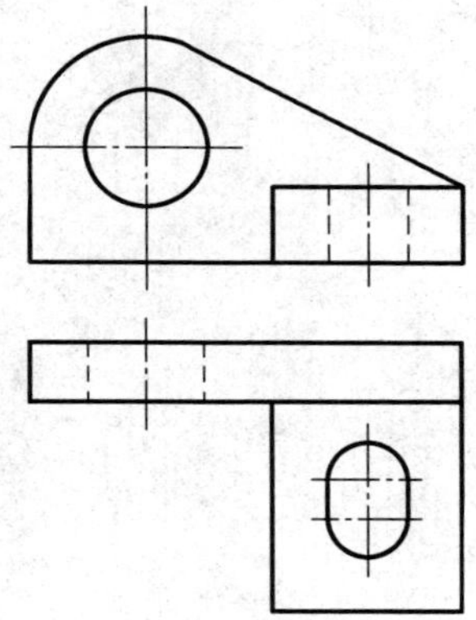

3.

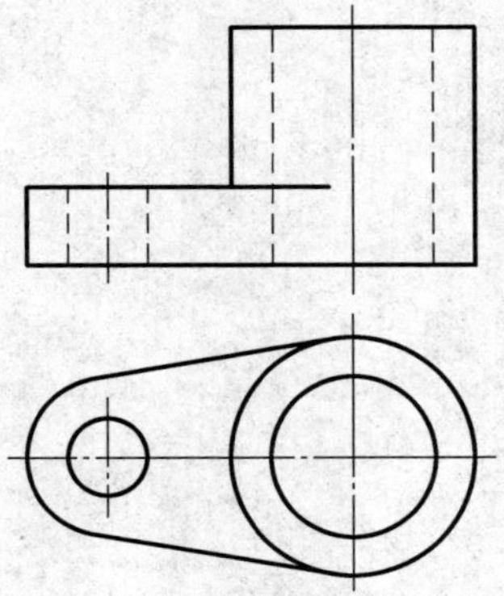

4.

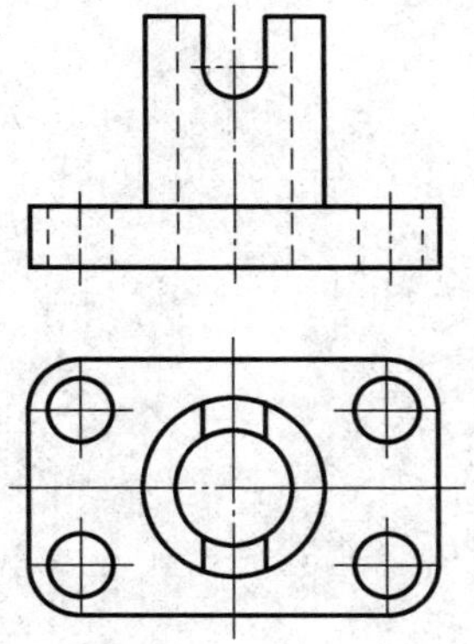

班级　　　　姓名

6－7　补画组合体的第三视图（续）

5.

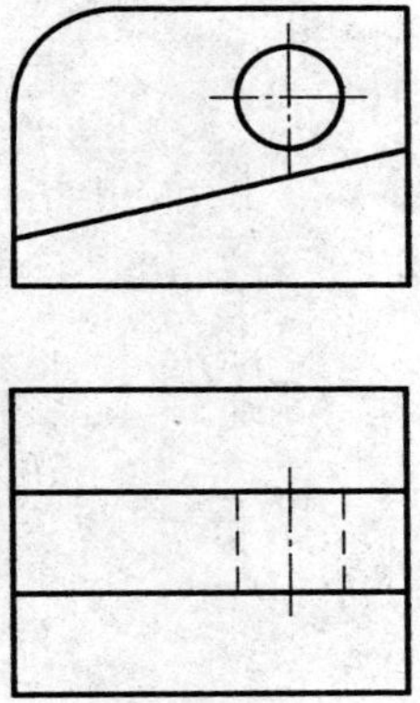

6.

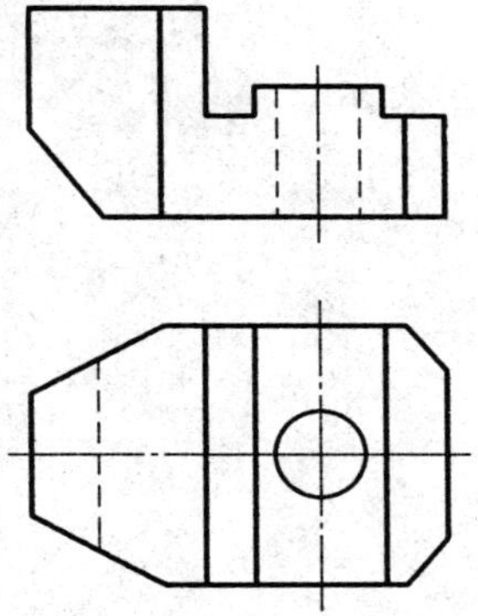

7.

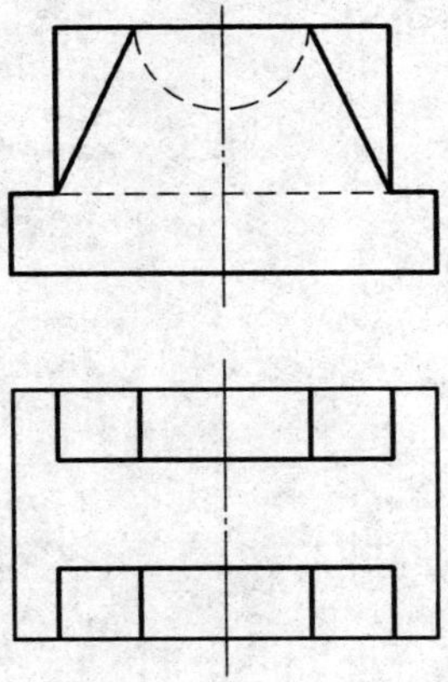

8.

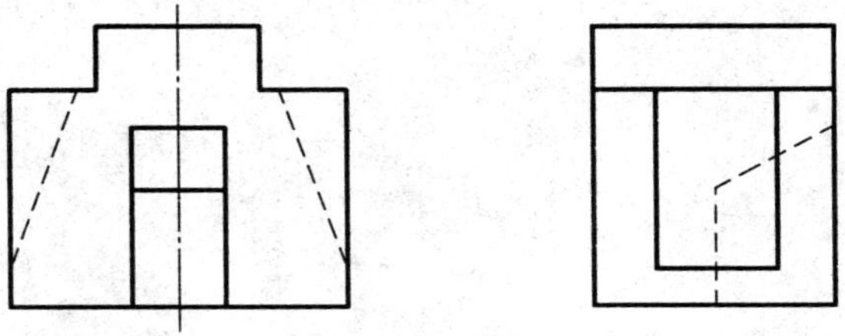

班级　　　　　　　　姓名

6－7　补画组合体的第三视图（续）

9.

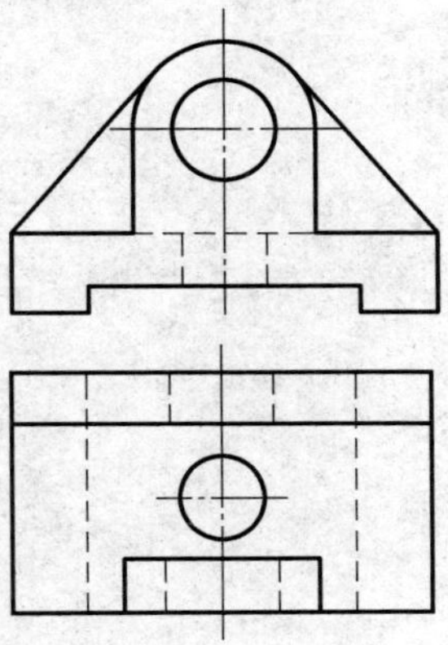

10.

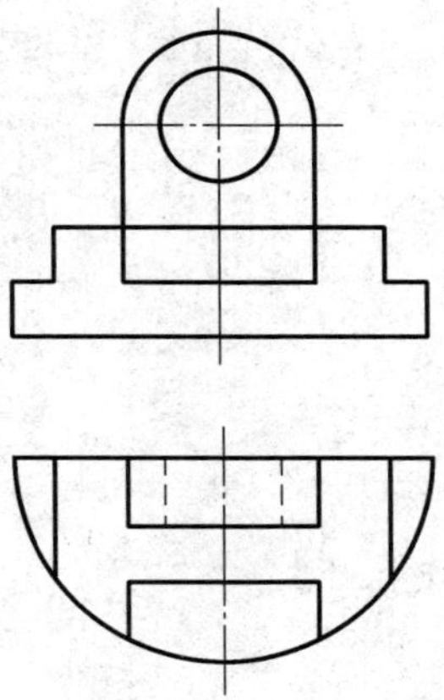

11.

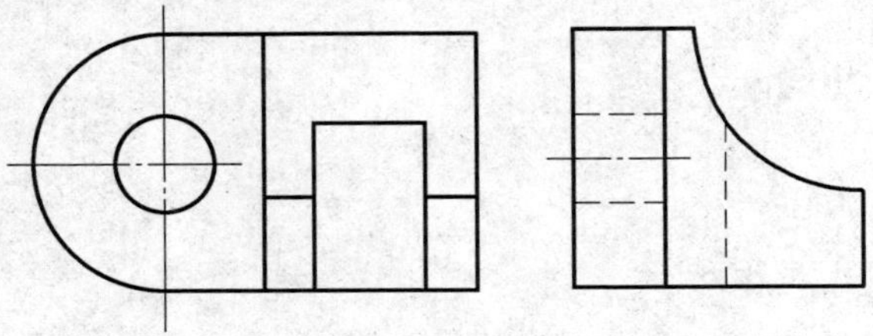

12.

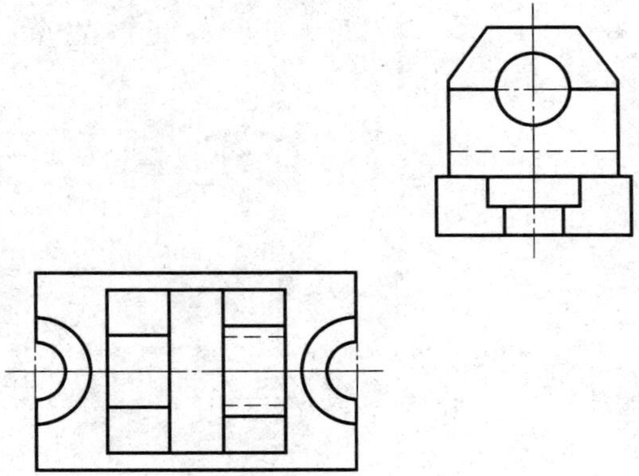

班级　　　　　　　　姓名

13.

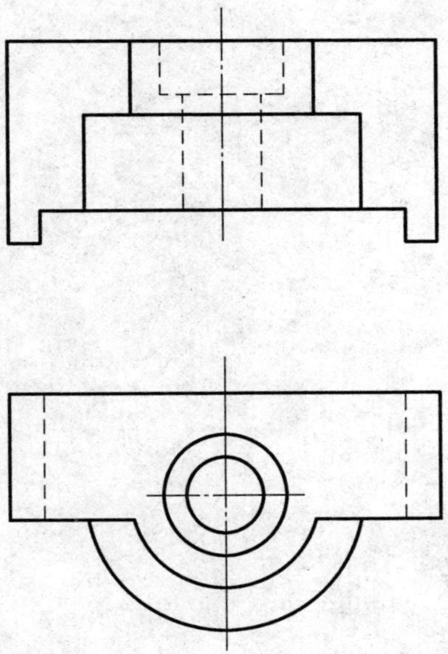

14.

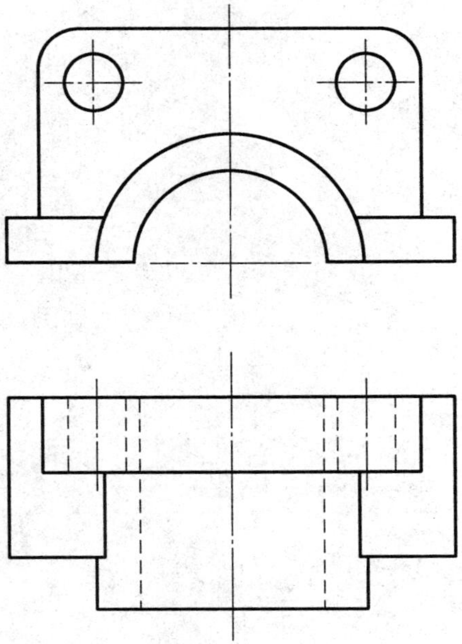

班级 姓名

15.

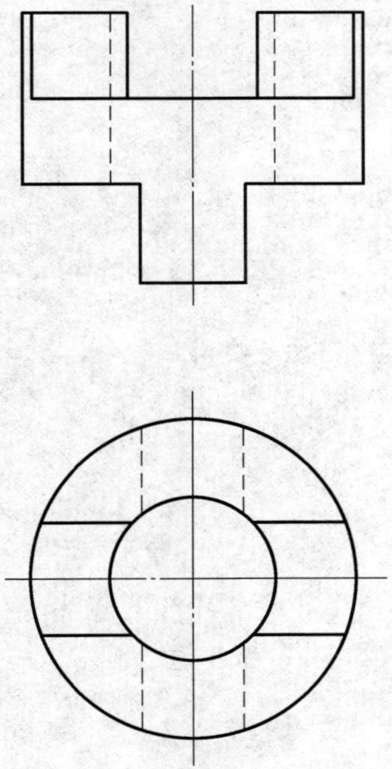

16.

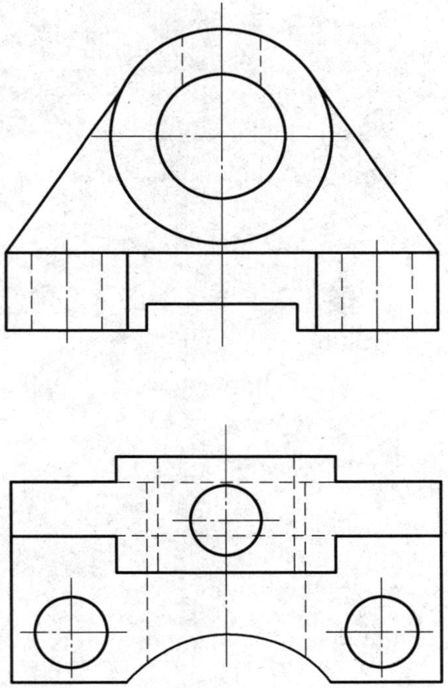

班级　　　　　　姓名

6-8 标注组合体的尺寸

标注组合体的尺寸(尺寸数字从图中按1:1量取，并取整数)

1.

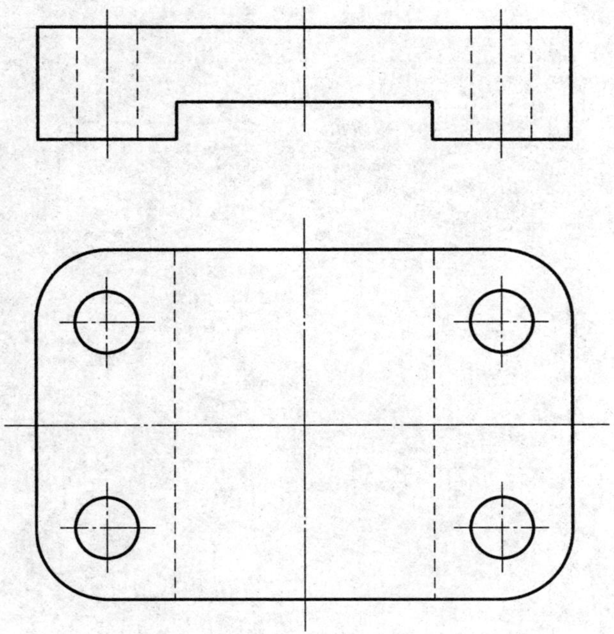

2.

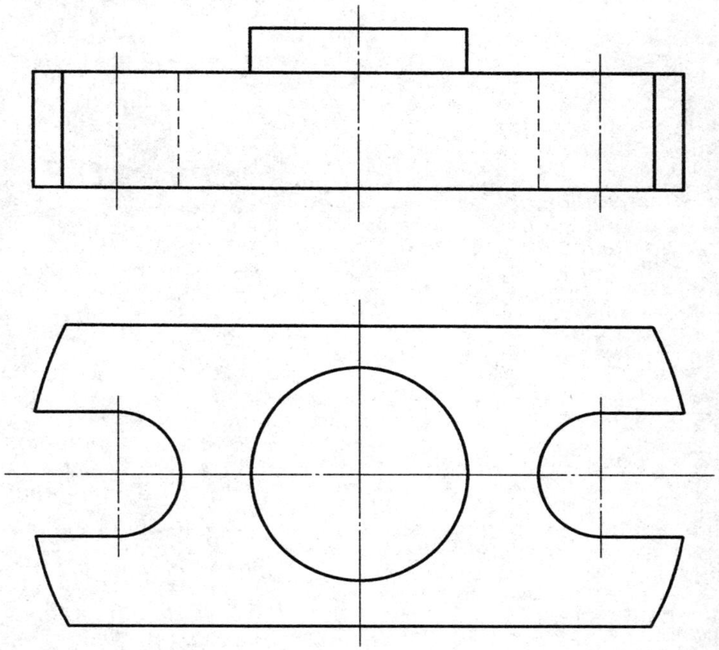

班级　　　　姓名

标注组合体的尺寸(尺寸数字从图中按1:1量取，并取整数)

3.

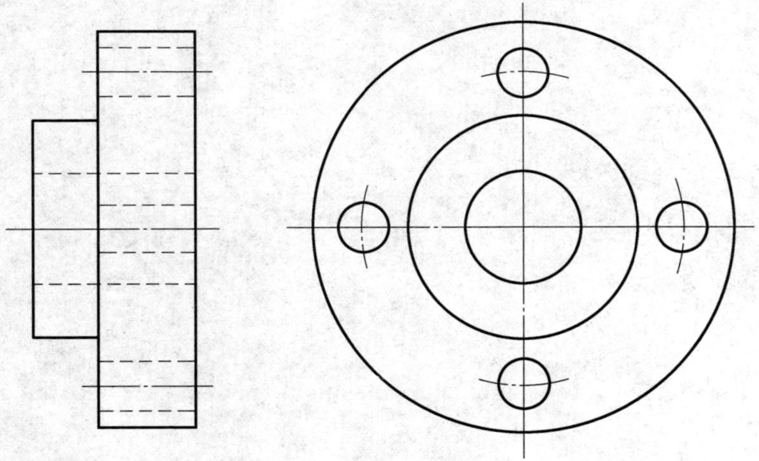

4.

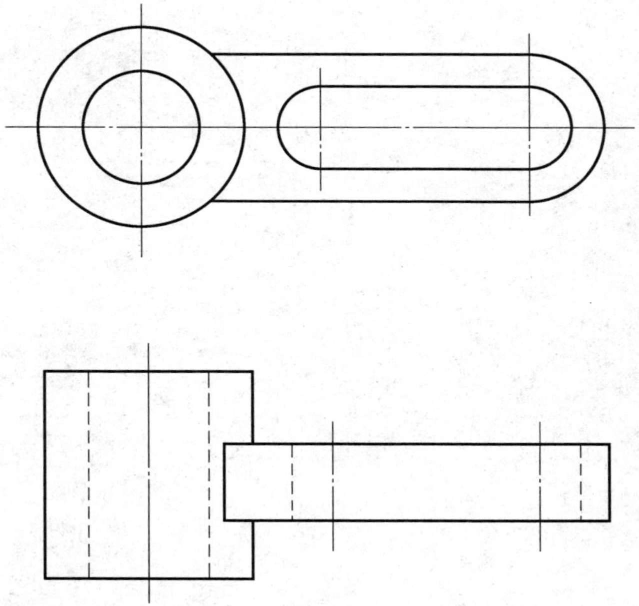

班级　　　　　　姓名

6-9 标注漏注的尺寸

读懂两视图，标注漏注的尺寸(尺寸从图中量取，并取整数)

1.

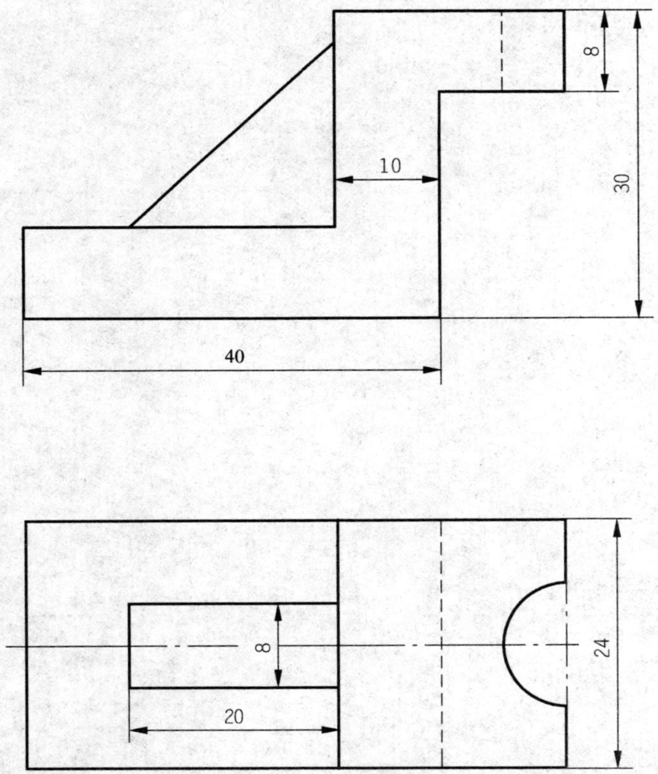

2.

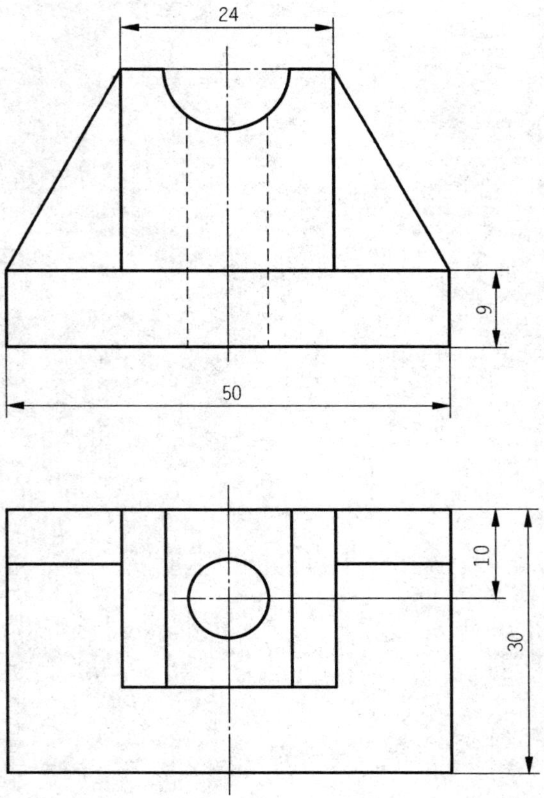

班级　　　　姓名

读懂两视图，标注漏注的尺寸(尺寸从图中量取，并取整数)

3.

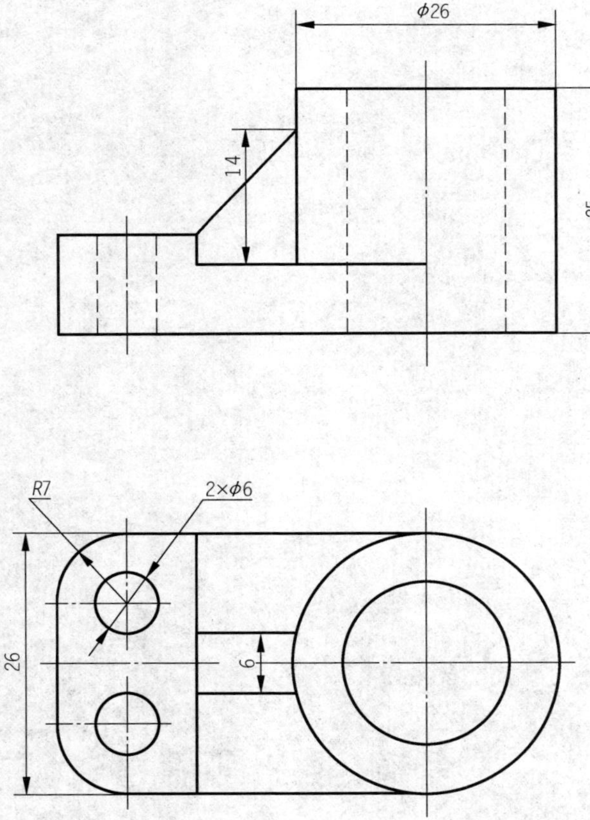

4.

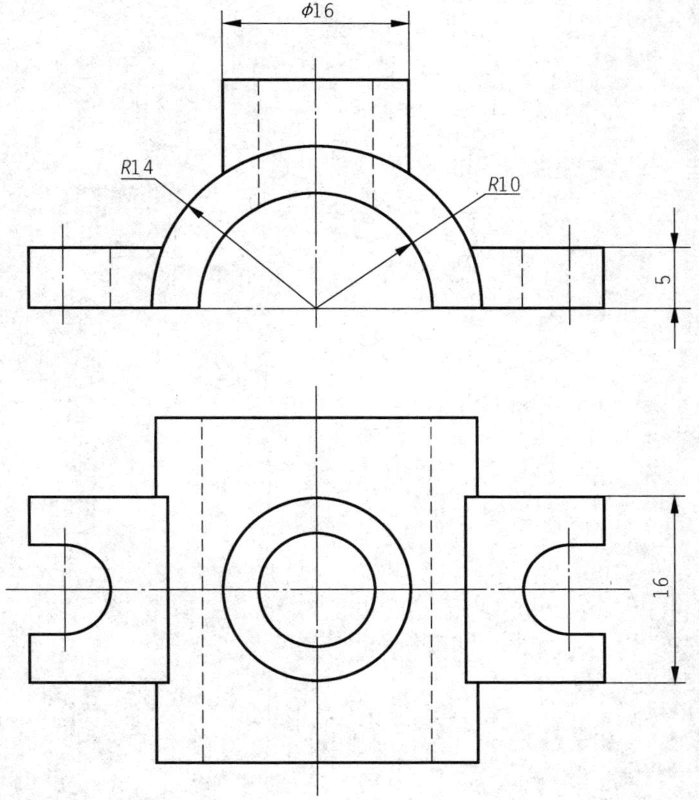

班级　　　　　姓名

6－10　参照轴测图看懂视图，在视图上标注尺寸

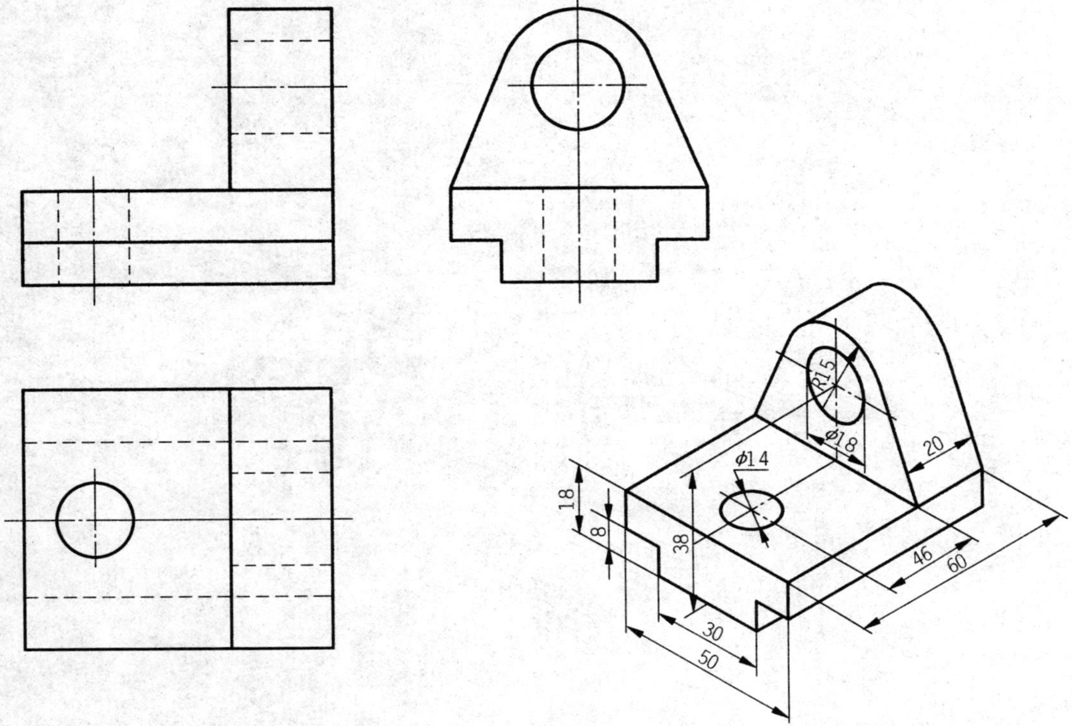

班级　　　　　　　　姓名

6-10 参照轴测图看懂视图，在视图上标注尺寸

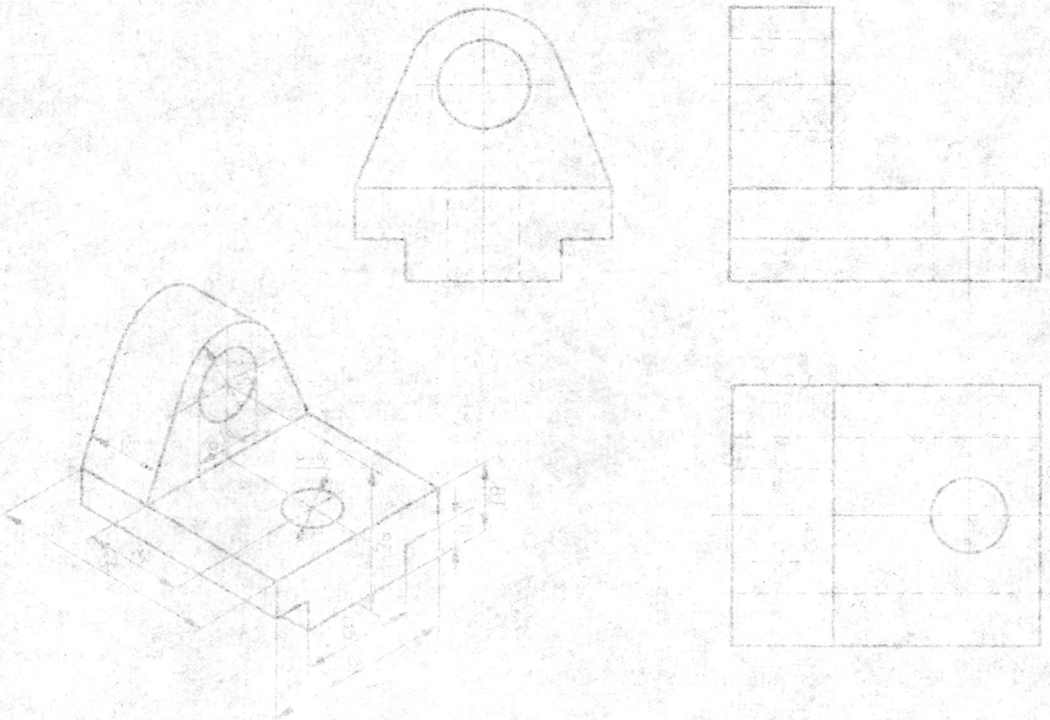

班级　　　　姓名

7－1　根据两视图，补全其他四个基本视图

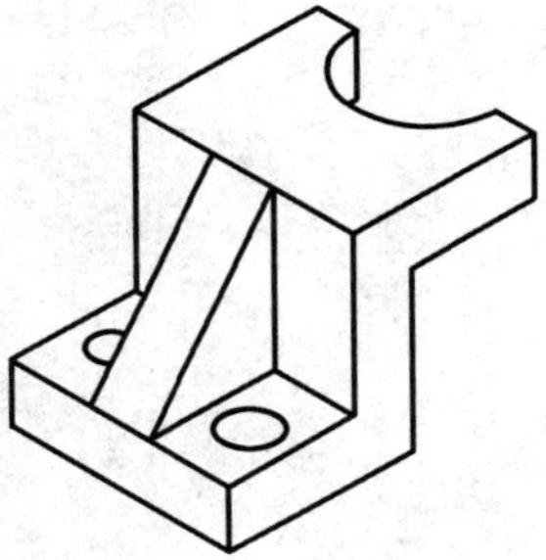

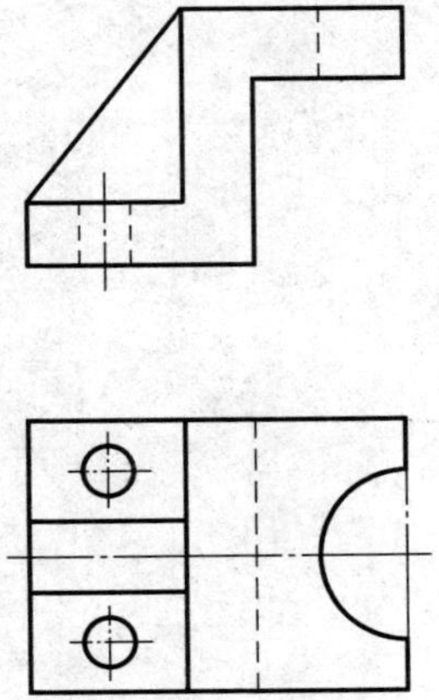

班级　　　　　　　　姓名

7-2　对照立体图，看清零件结构形状，画出 *A*、*B* 局部视图、*C* 斜视图

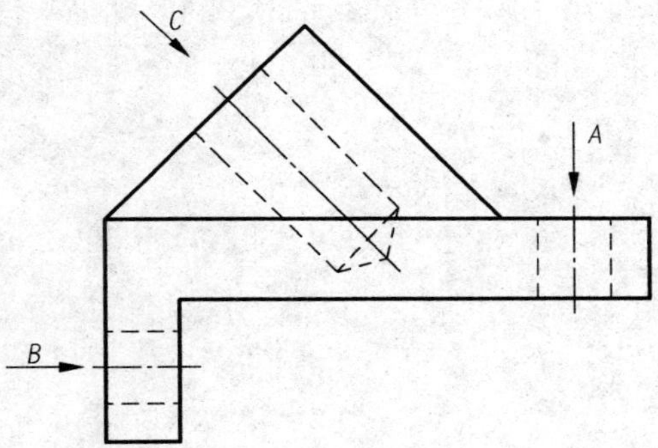

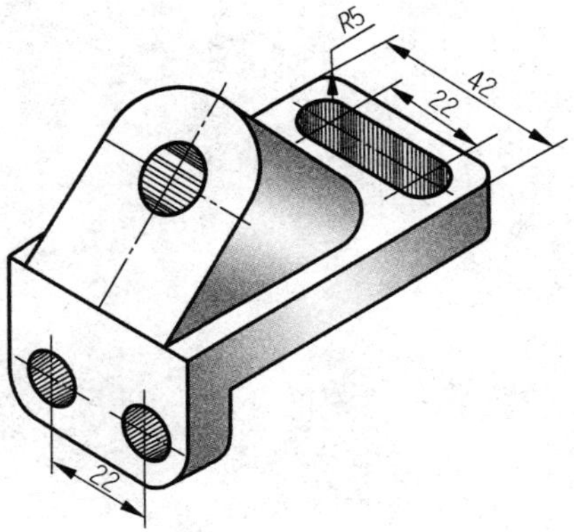

班级　　　　　　　　姓名

7-3 分析图形，画出 *A* 斜视图和 *B* 局部视图

1.

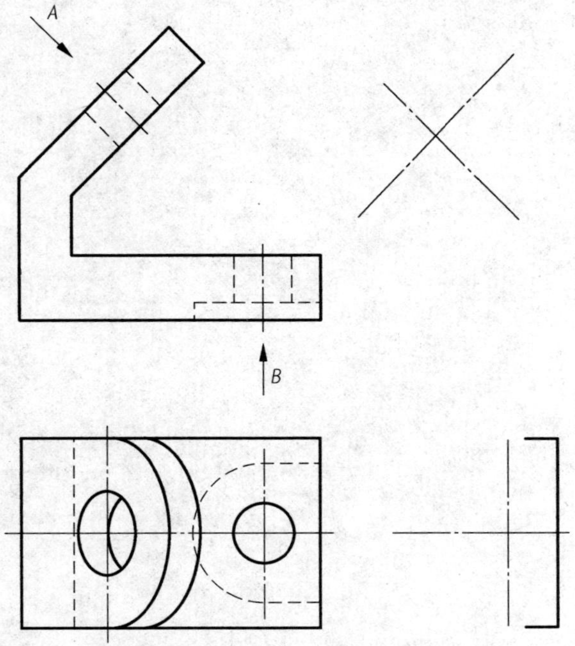

2.

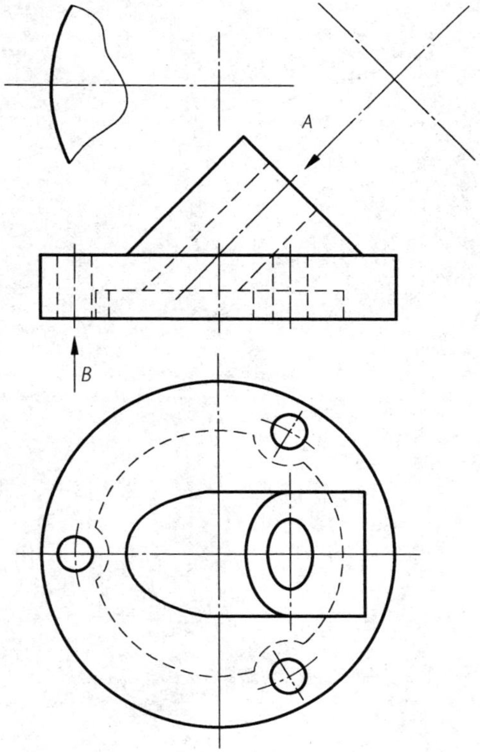

班级　　　　　姓名

7-4　弄清各视图的名称和投影关系，并作必要的标注

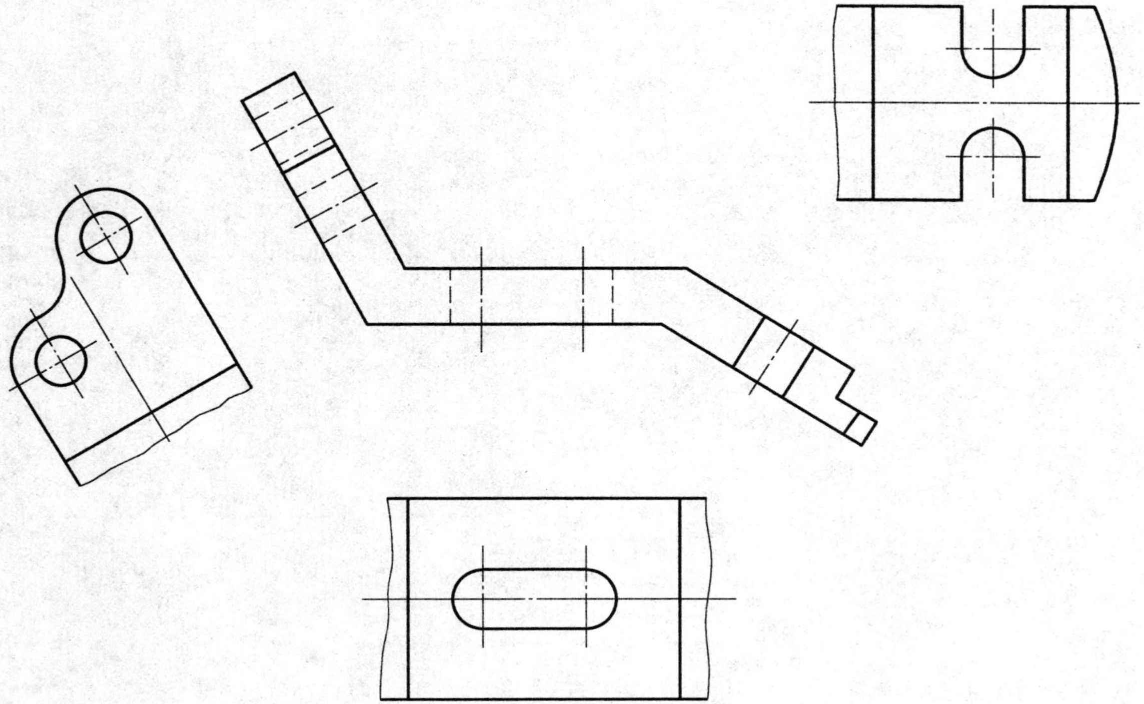

班级　　　　　　　　姓名

7－5　补画剖视图中缺漏的图线

1.

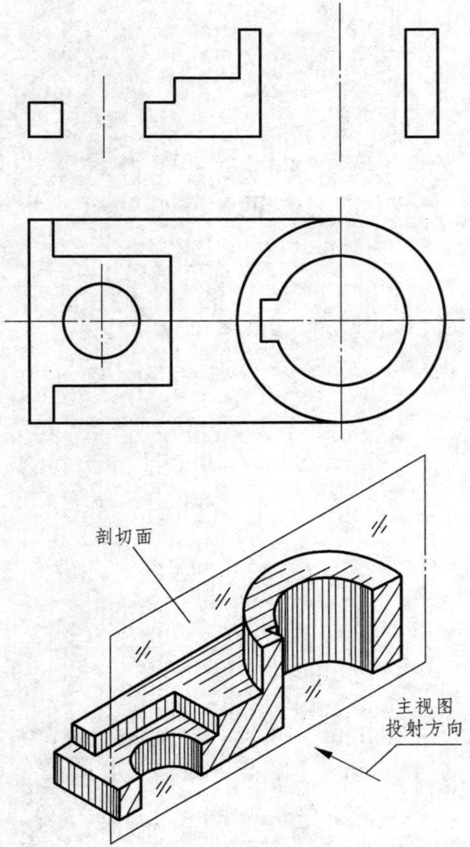

2.

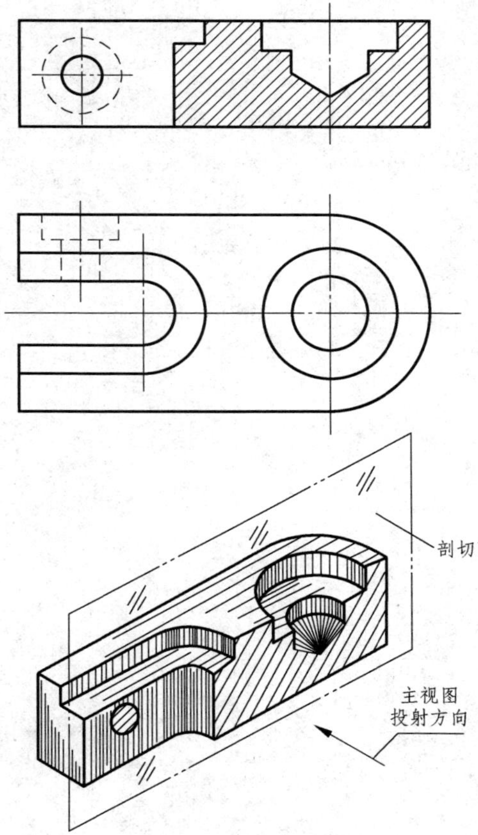

班级　　　　　　　　姓名

7－6　根据零件的轴测图及俯视图，将主视图画成全剖视，高度尺寸从轴测图中量取

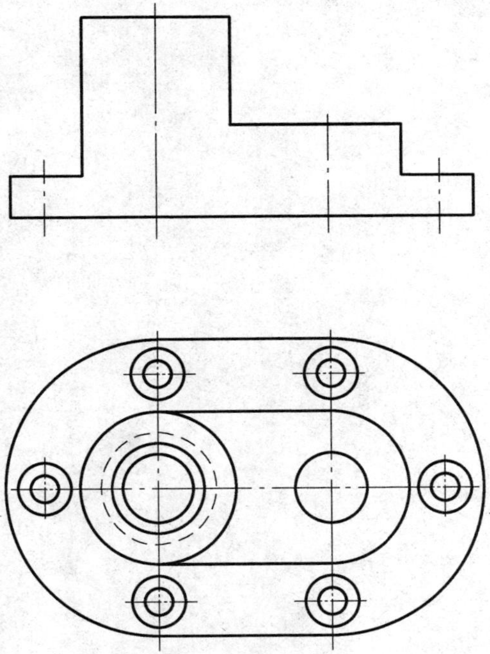

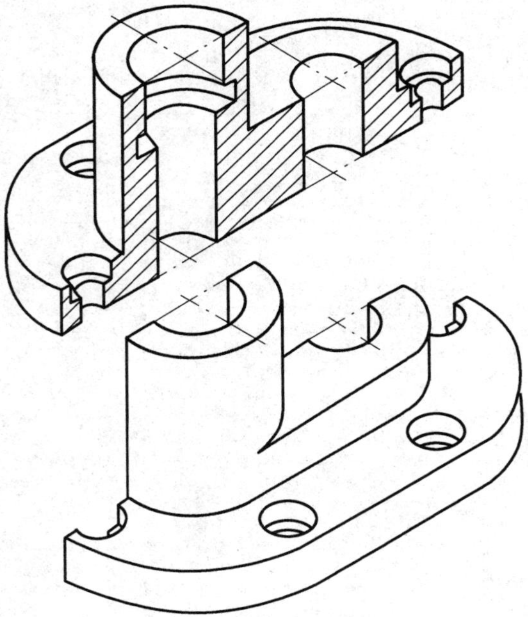

班级　　　　　　　　姓名

7－7　将主视图改画成全剖的主视图

1.

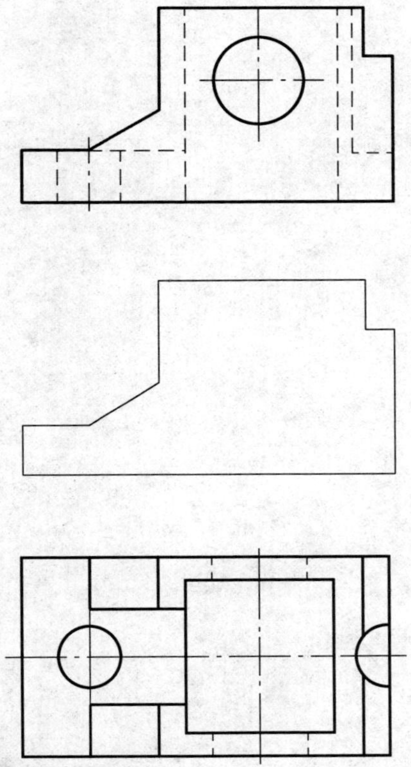

2.

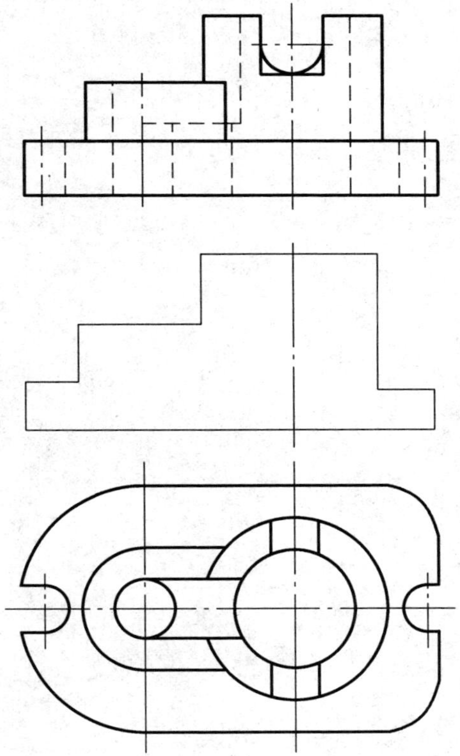

班级　　　　　　　　　姓名

7－8　补全剖视图中缺漏的线

1.

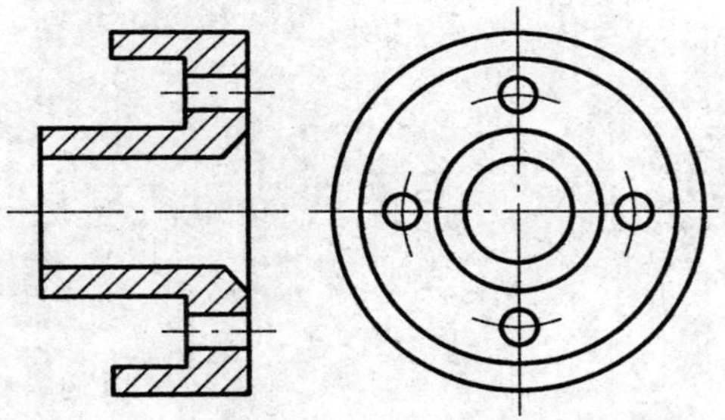

2.

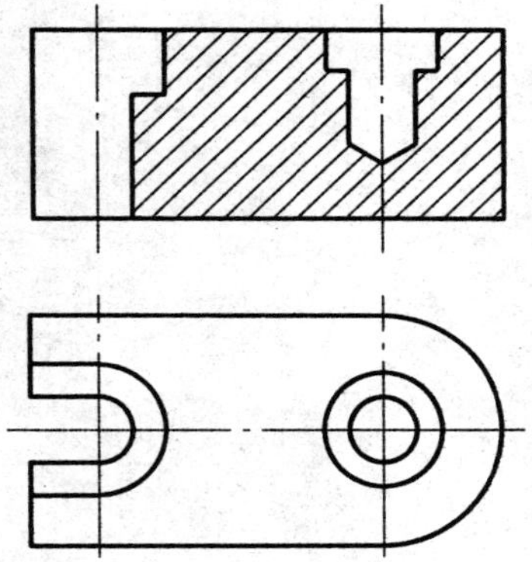

3.

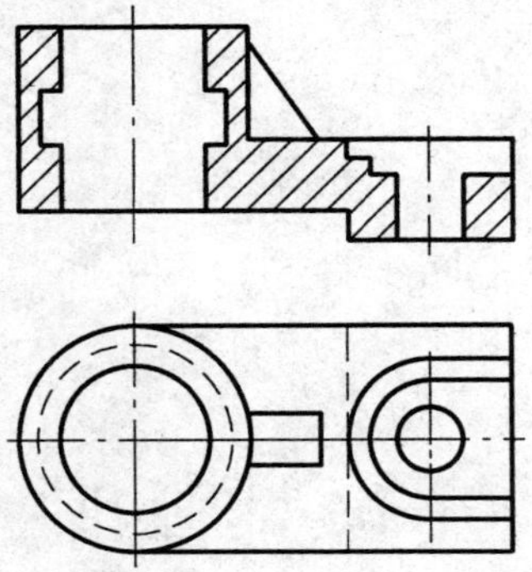

4.

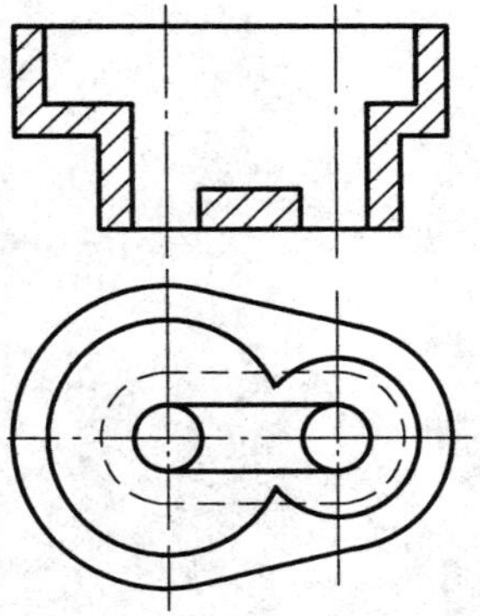

班级　　　　　　　　姓名

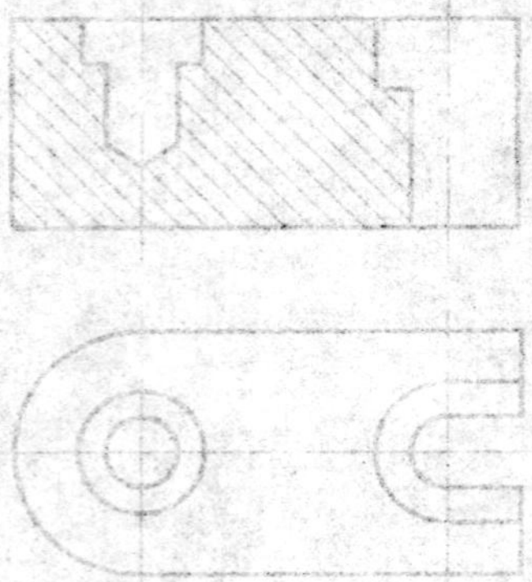

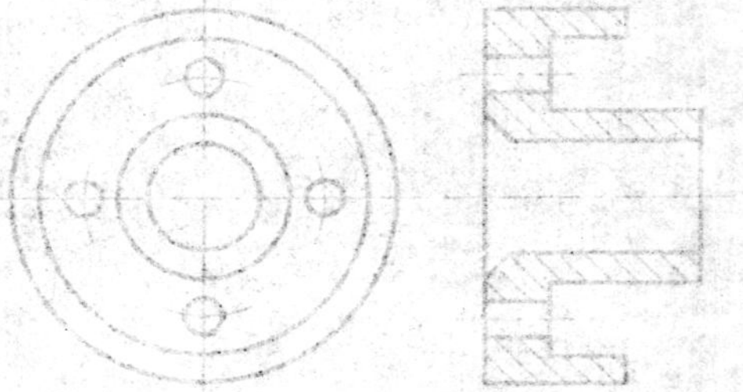

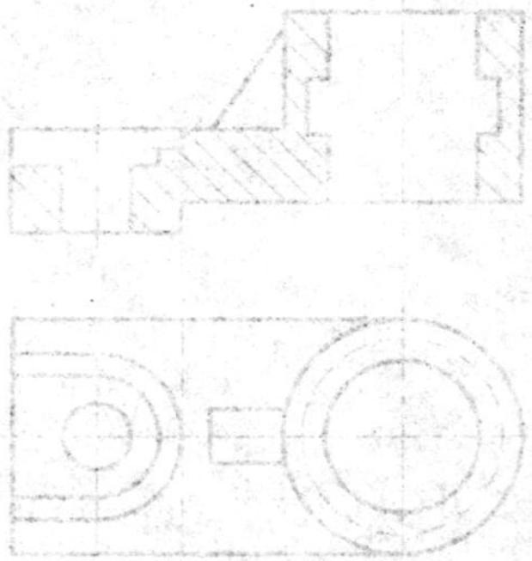

7－9　在指定位置将主视图改画成半剖的主视图

1.

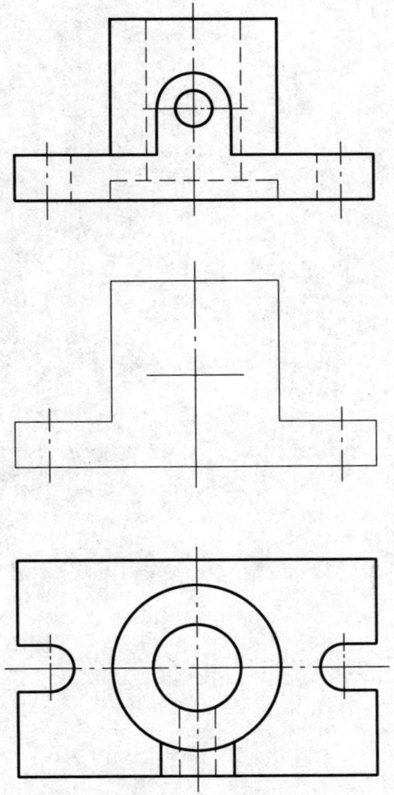

2.

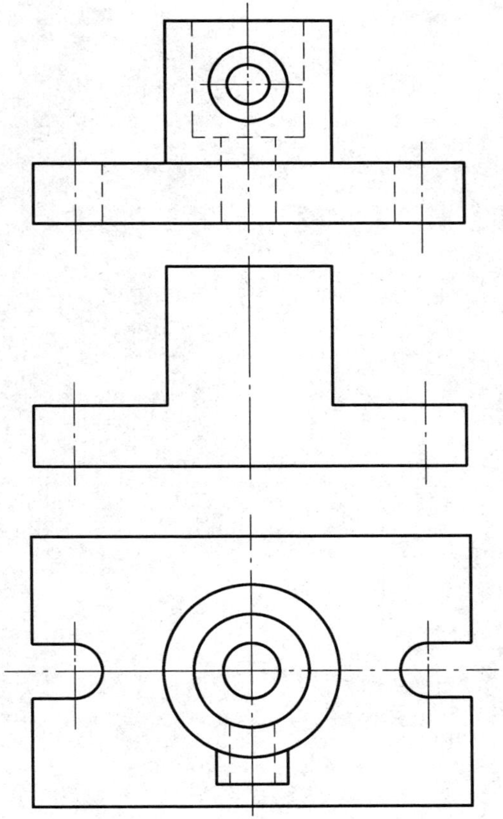

班级　　　　　　　　姓名

7-9　在指定位置将主视图改画成半剖的主视图（续）

3.

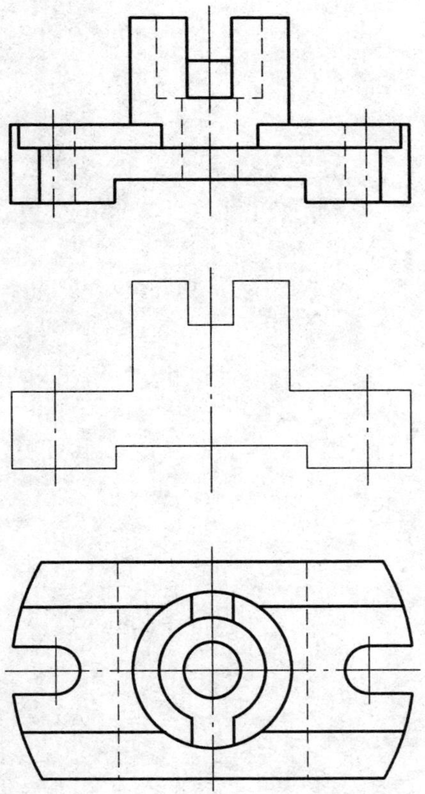

4.

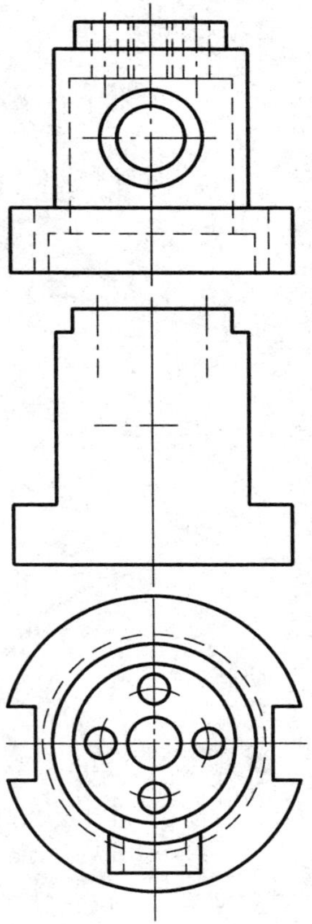

班级　　　　　　　　姓名

3.

4.

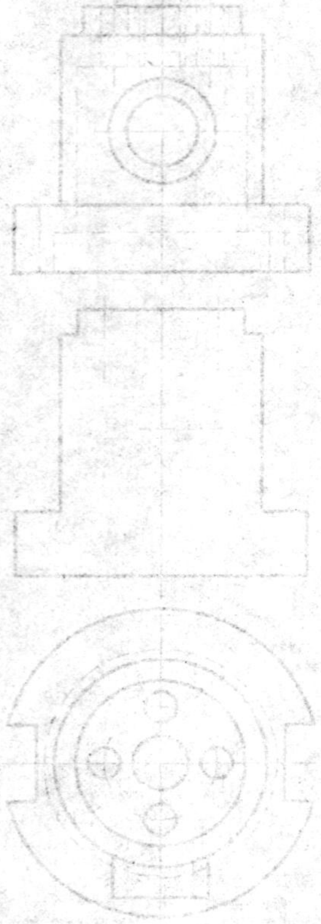

7－10　将主视图改画成半剖的主视图，左视图画成全剖视图

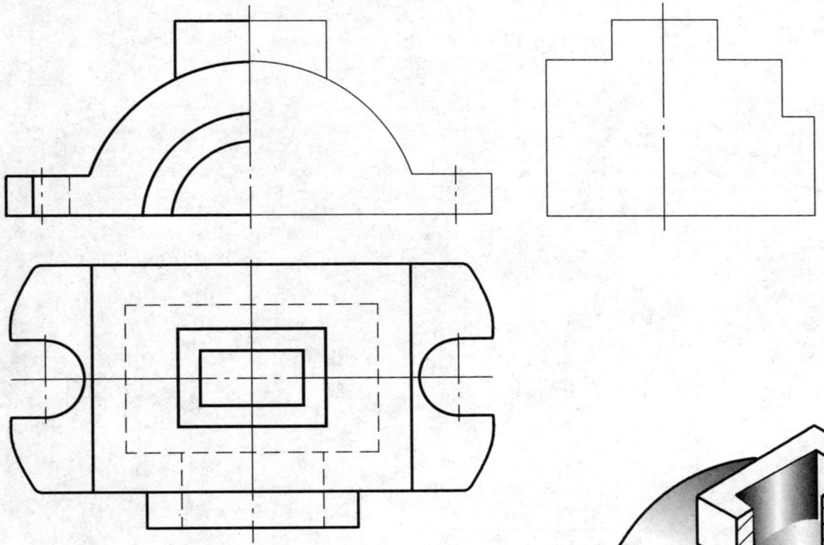

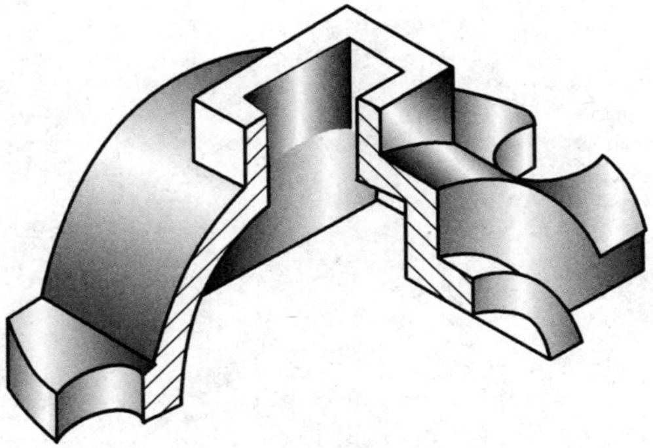

7－11　作局部剖视图

1. 看懂左视图，在右图作局部剖视图

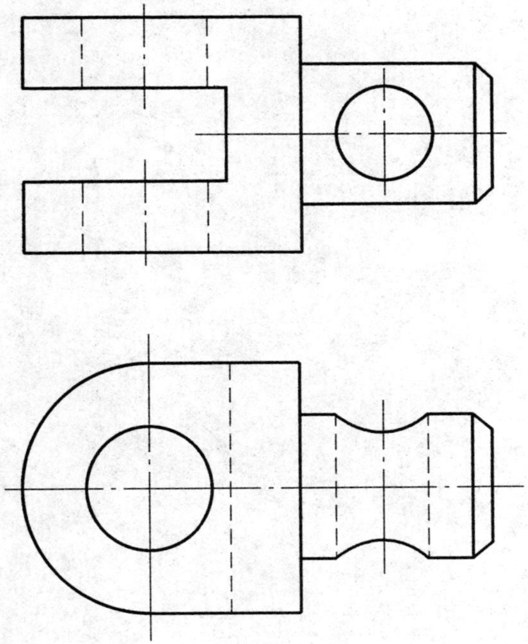

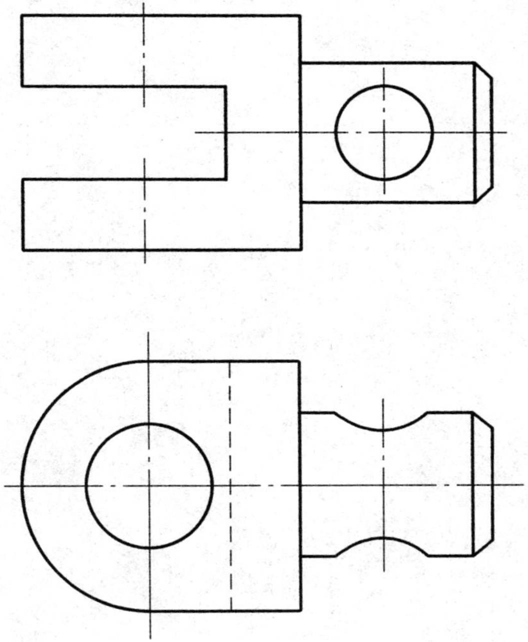

班级　　　　　　　　姓名

7－11　作局部剖视图（续）

2. 分析左图中局部剖画法的错误，在右图中正确画出

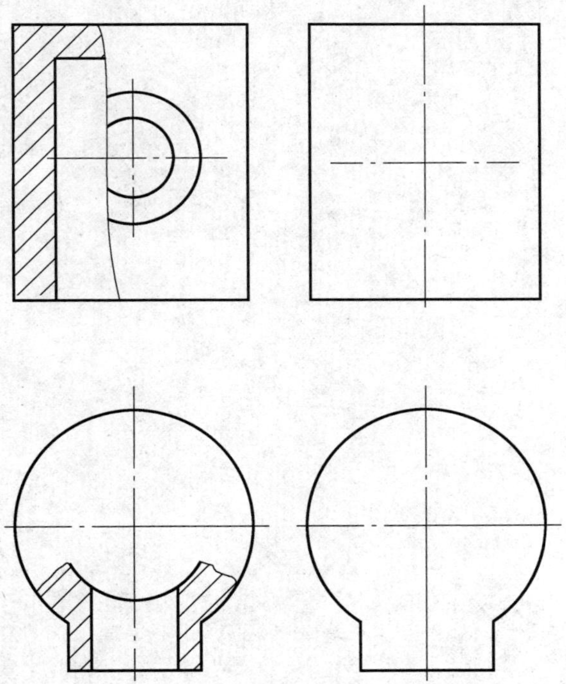

3. 将主视图画成局部剖视图

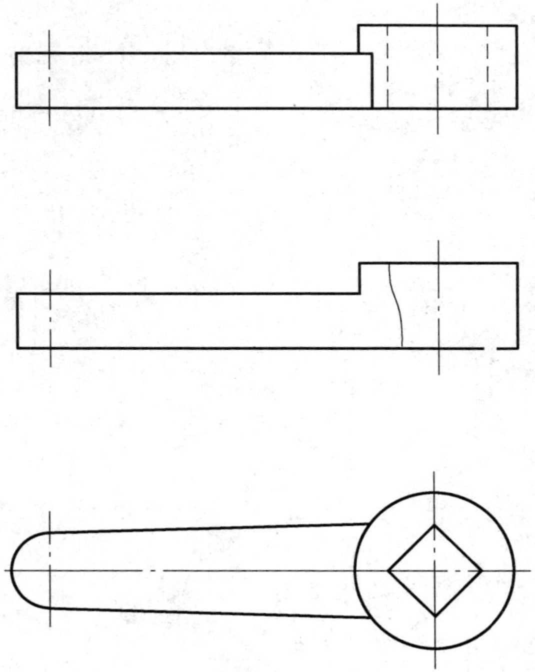

班级　　　　　　姓名

7－12　在指定位置作斜剖视图

1.

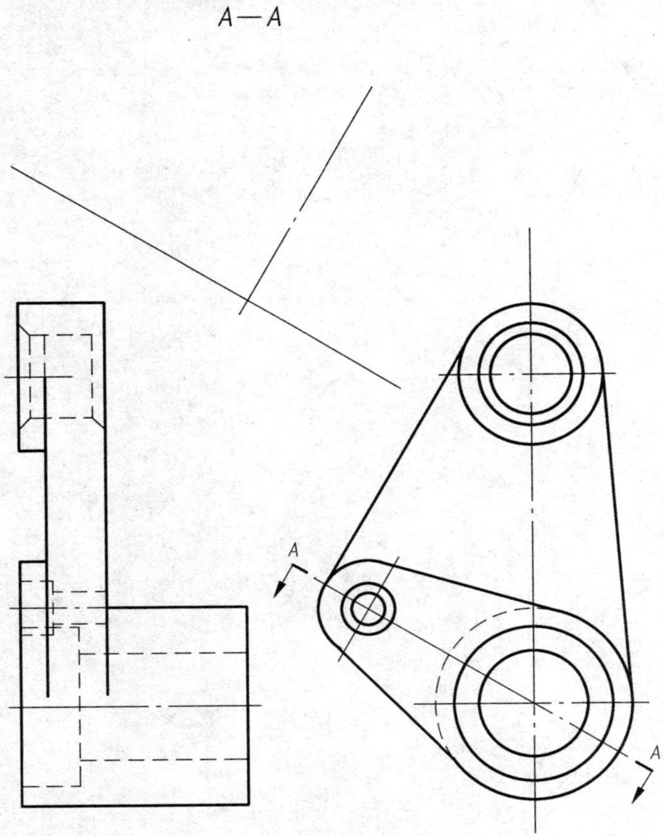

2.

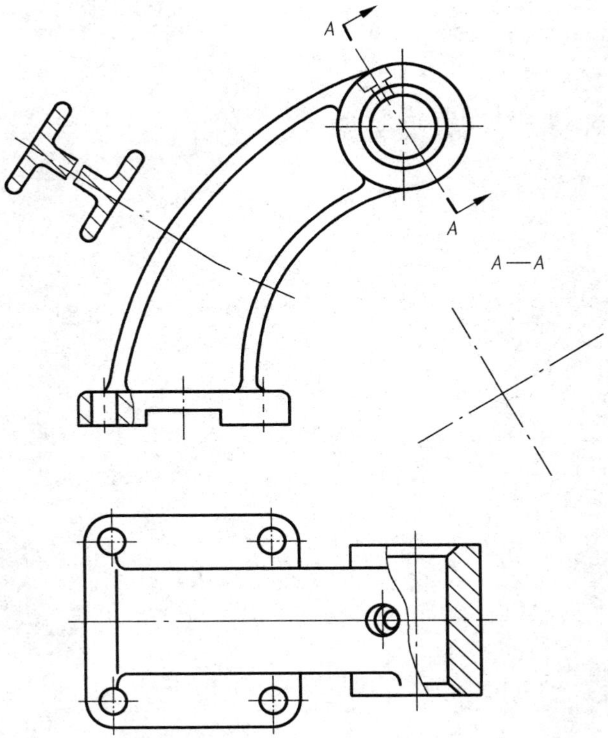

班级　　　　　　　　　　姓名

7－13　用平行的剖切平面剖开机件，将主视图画成全剖的主视图

1.

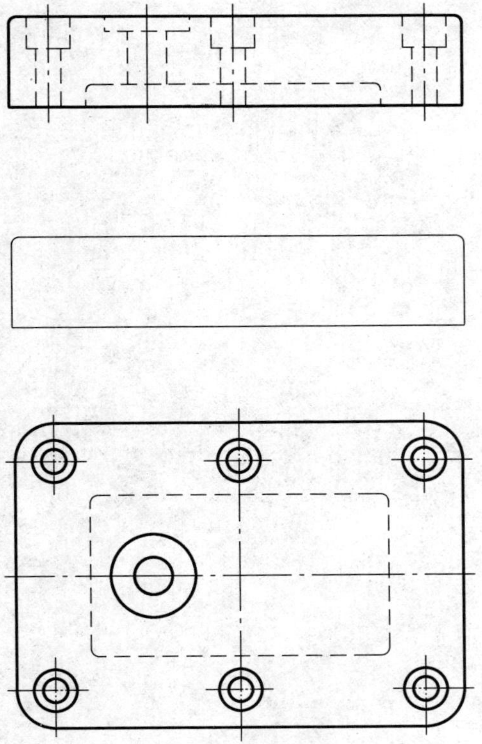

2.

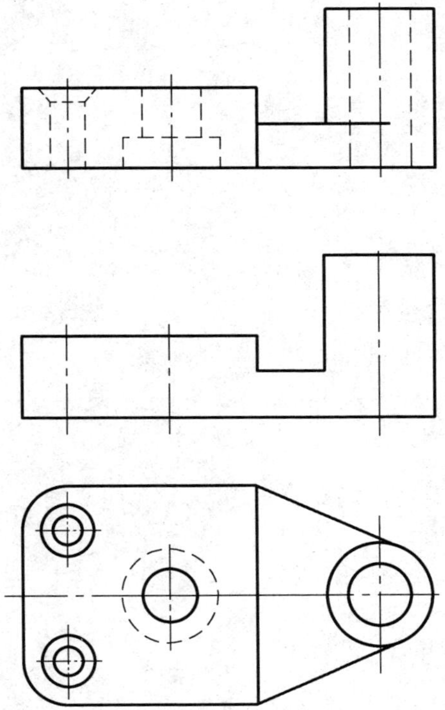

班级　　　　　　　　姓名

7－13　用平行的剖切平面剖开机件，将主视图画成全剖的主视图（续）

3.

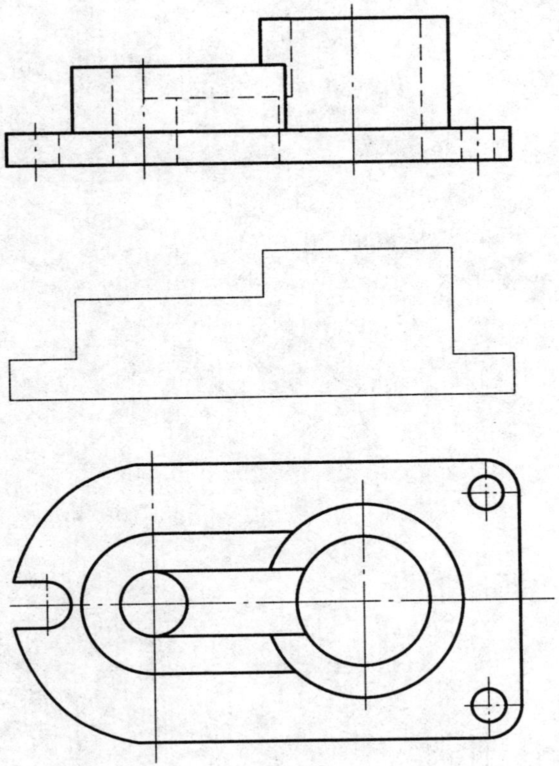

4.

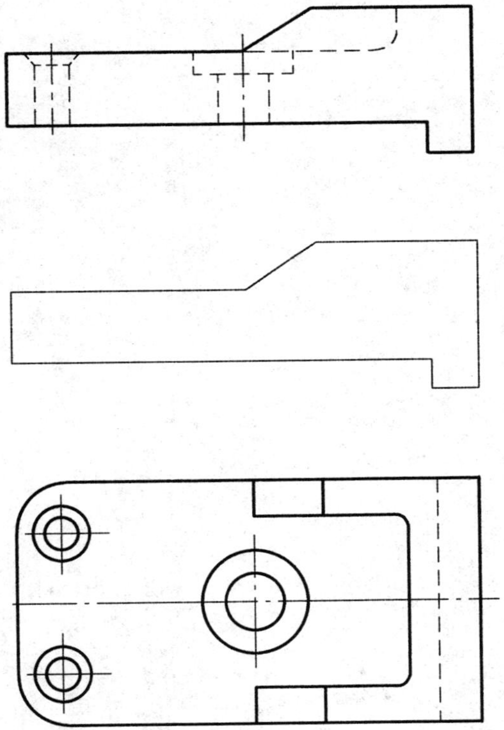

班级　　　　　　　　姓名

7－14　用相交的剖切平面剖开机件，将主视图画成全剖的主视图

1.

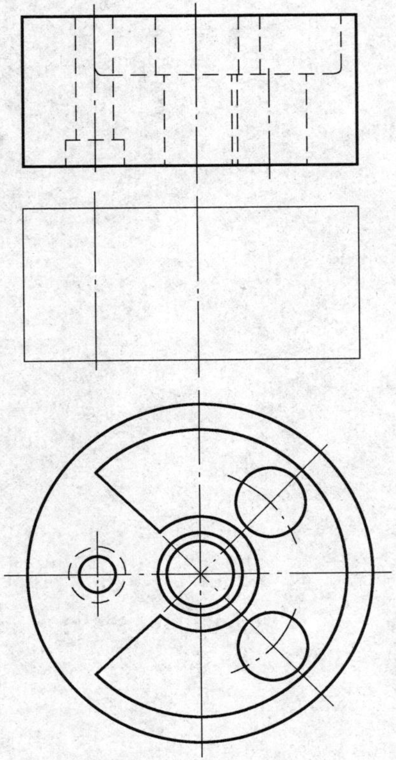

2.

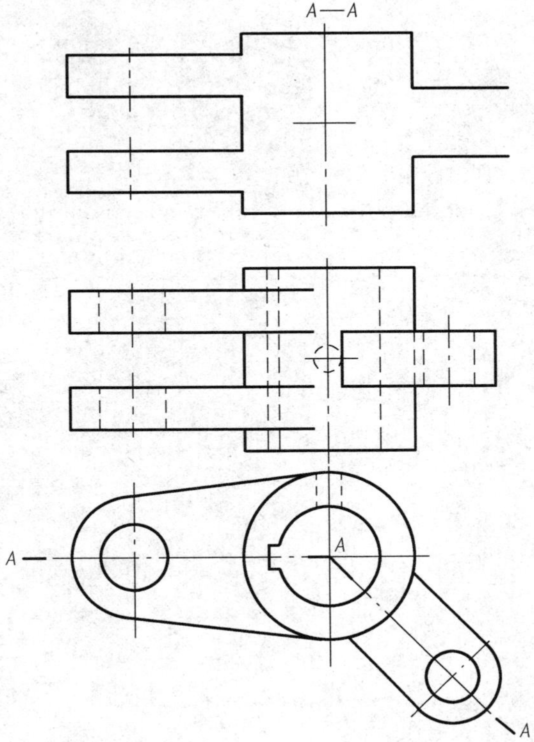

班级　　　　　　姓名

7－14　用相交的剖切平面剖开机件，将主视图画成全剖的主视图（续）

3.

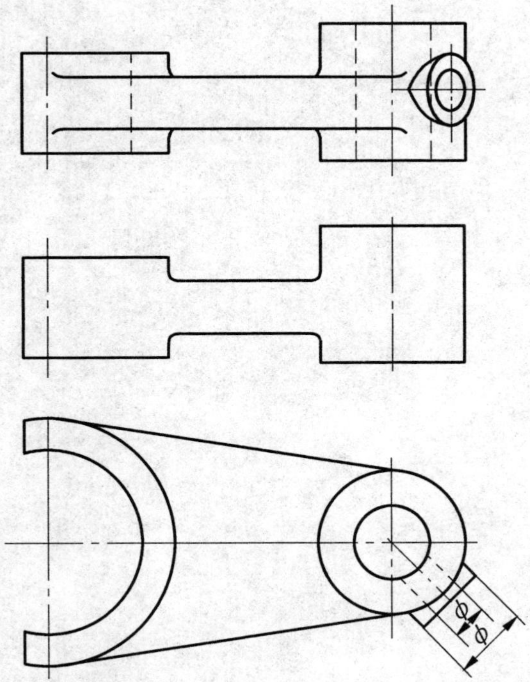

4.

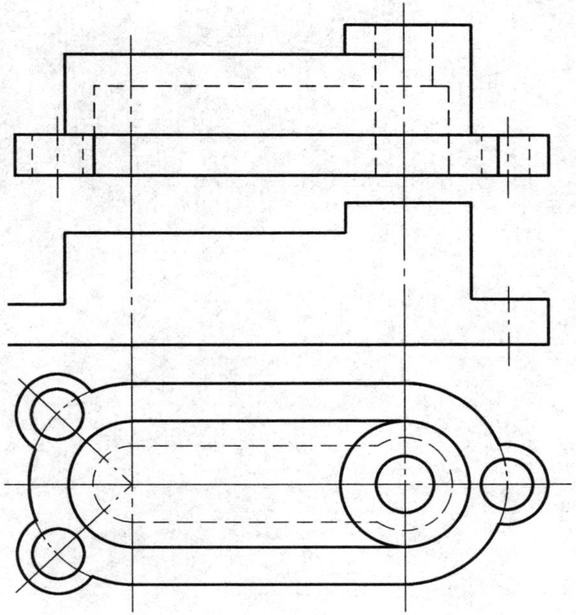

班级　　　　　　　　姓名

7－15　选择正确的主视图

选择正确的主视图，并在括号内打√

1.

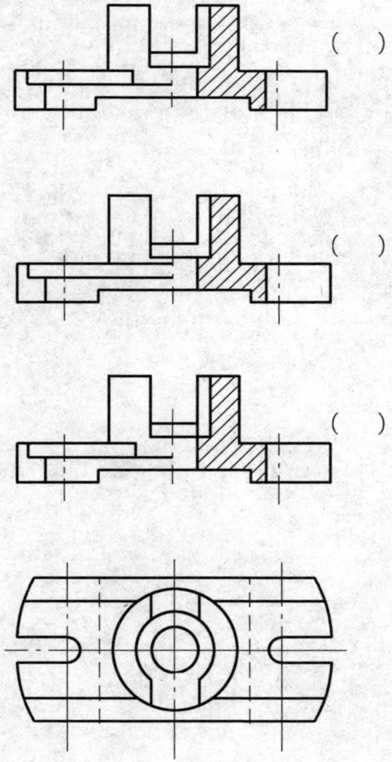

2.

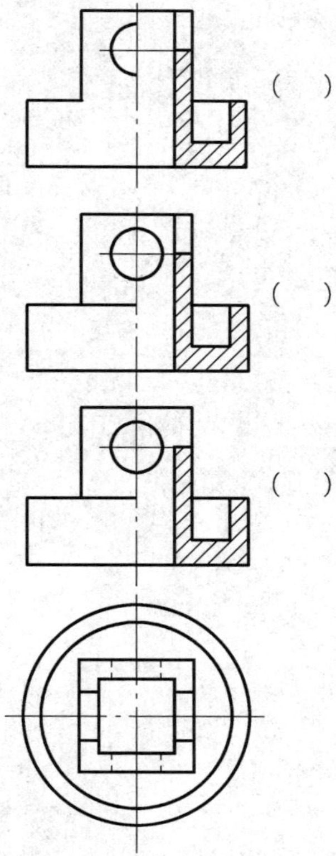

3.

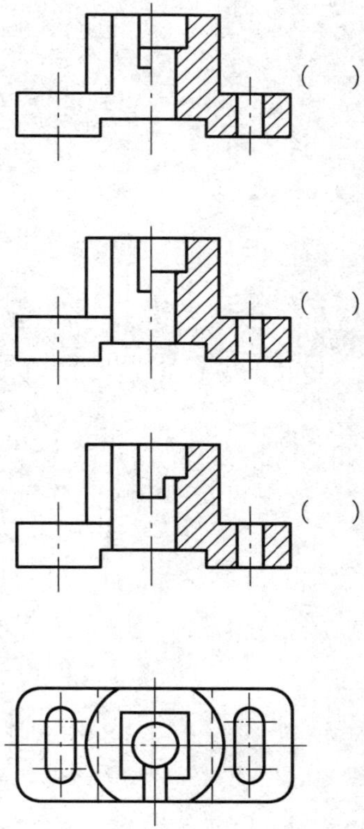

班级　　　　　　姓名

7－15　选择正确的主视图（续）

选择正确的主视图，并在括号内打√

4.

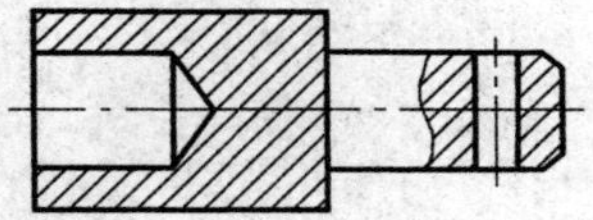

（　）

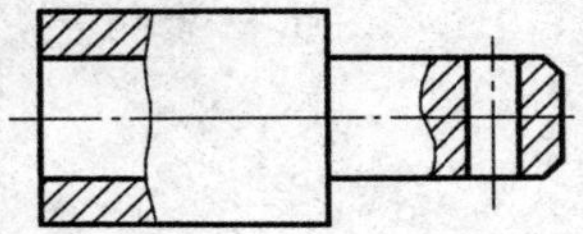

（　）

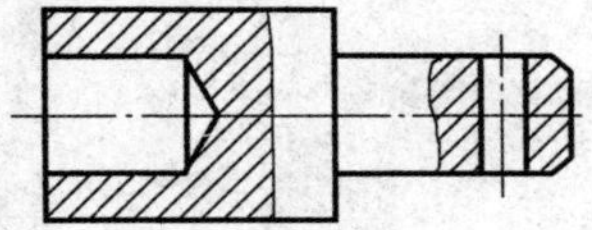

（　）

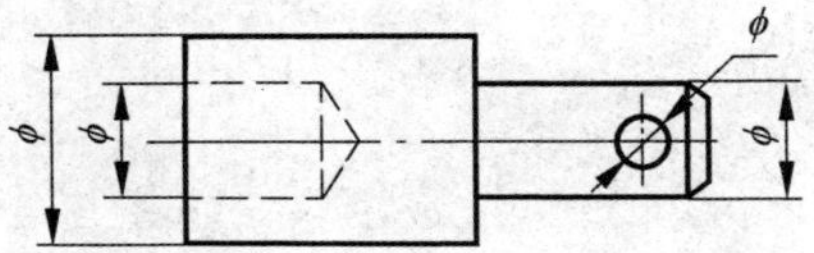

5.

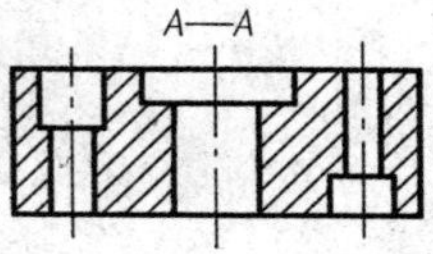

（　）

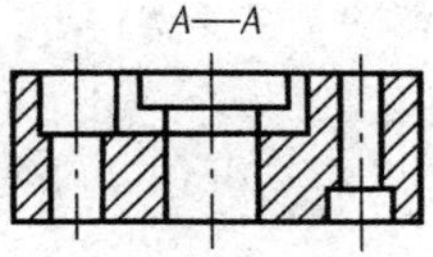

（　）

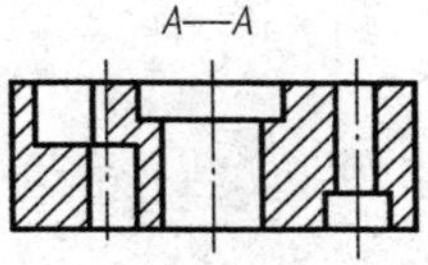

（　）

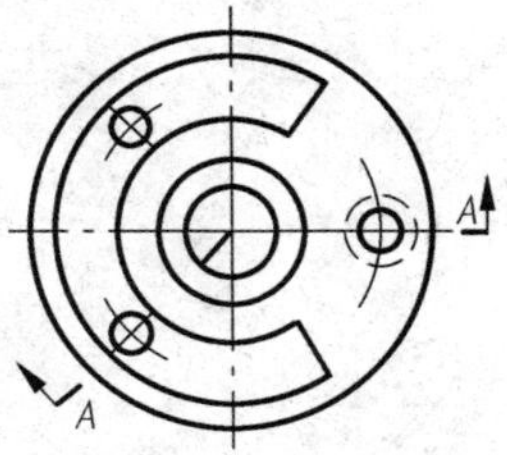

6.

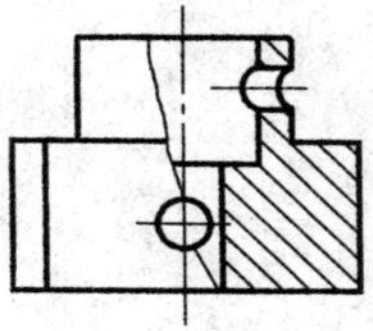

（　）

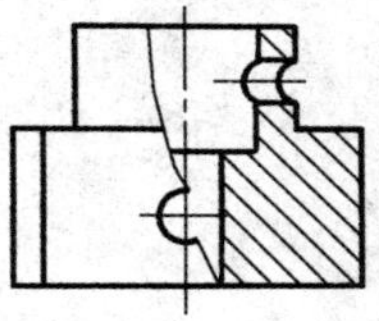

（　）

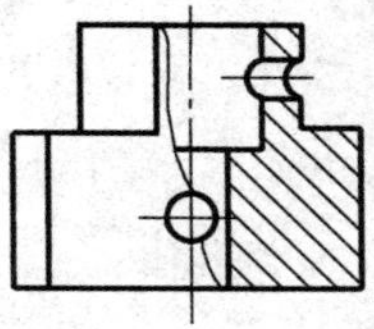

（　）

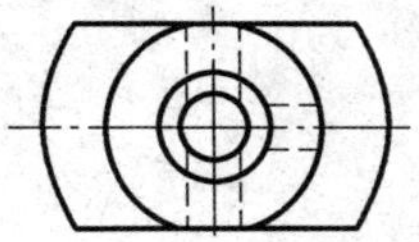

班级　　　　　　姓名

选择正确的主视图，并在括号内打√

4. 5. 6.

7-16 在指定位置画移出剖面图

1.

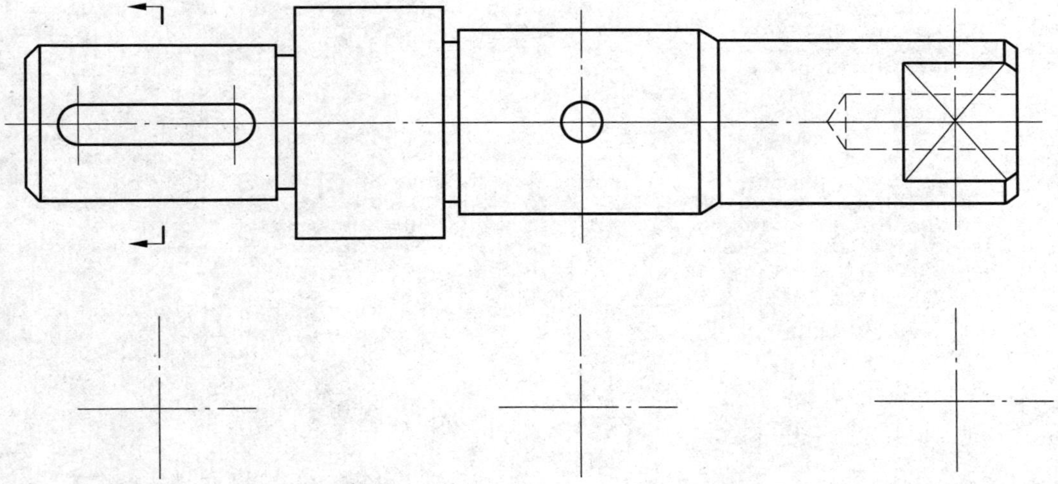

班级　　　　　　　　姓名

7－16　在指定位置画移出剖面图（续）

2.

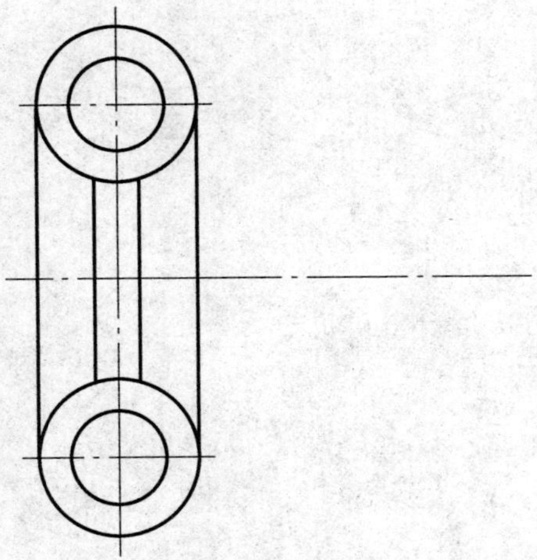

3.

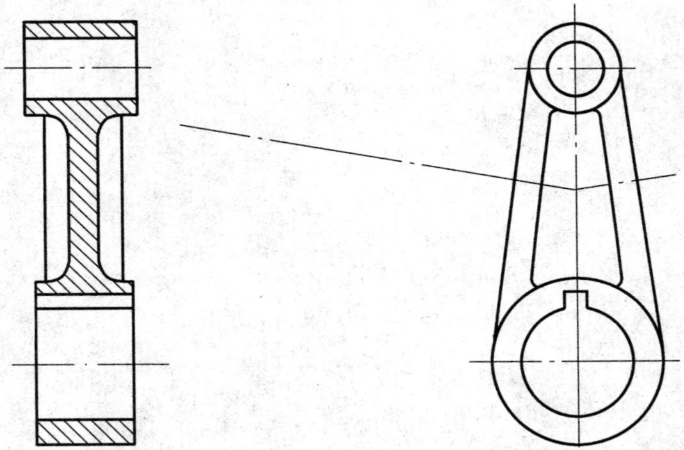

班级　　　　　　　　姓名

7－17　在指定位置画 *B—B* 断面图

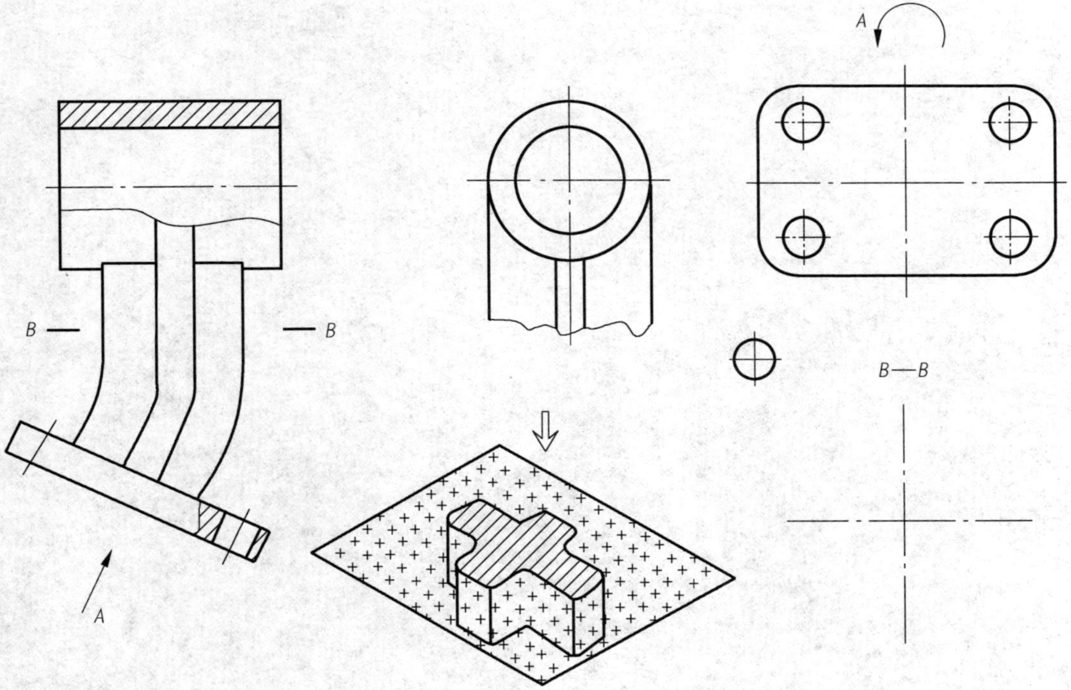

班级　　　　　　　　姓名

7－18　按下列要求读图

1. 将各视图联系起来分析视图，在各视图上作相应的标注。
2. 该机件用了 ___ 个图形表达,主视图用了 ___ 剖，俯视图用了 ___ 剖，还有________图、________图和________图。
3. 该机件上共有 ___ 个槽，共有 ___ 个孔，___ 个阶梯孔，___ 个小圆孔。

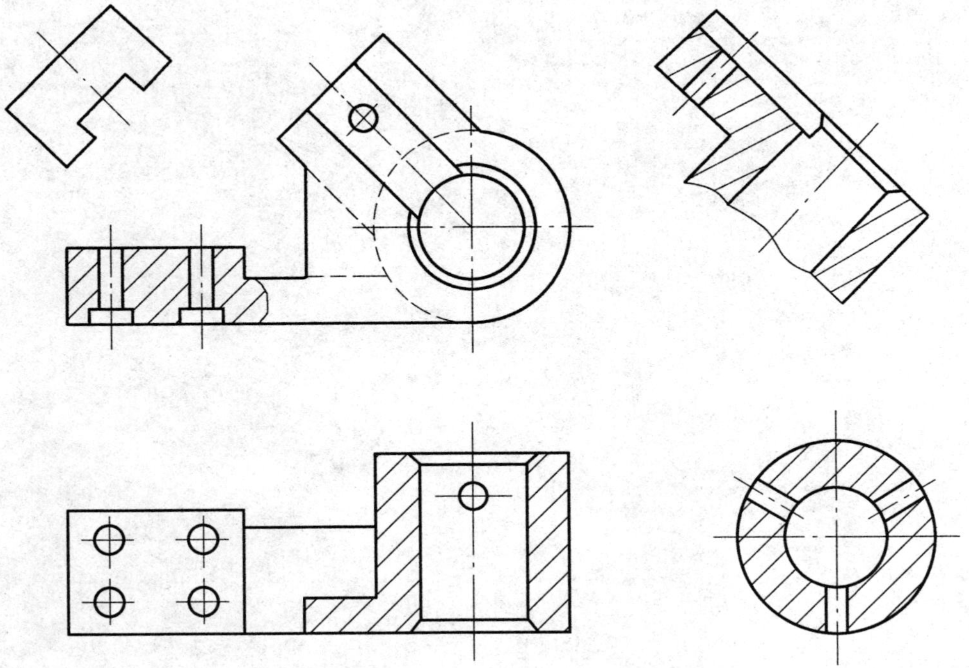

班级　　　　姓名

7-19 选择合适的表达方法并标注尺寸

大作业

一、内容

根据轴测图或视图选择合适的表达方法并标注尺寸。

二、目的

(1) 初步训练选择机件表达方法的能力。

(2) 掌握剖视图的画法。

三、要求

(1) 用 A3 图纸画图。

(2) 自己选定图纸横放或竖放以及绘图比例。

四、注意事项

(1) 在看清或想象出机件形状的基础上，考虑选取哪些视图，现分析机件上哪些内部结构需采用剖视，然后确定怎么样剖切。选择剖视可多考虑几种表达方案，并进行比较，从中选出恰当的表达方法。

(2) 剖视图可直接画出，而不是先画完视图，再将视图改成剖视图。

(3) 剖面线最好不画底稿线，而在描深时一次画成，这样既能保证剖面线的清晰，又便于控制各个视图中剖面线的方向、间隔，还有利于提高绘图速度。

(4) 注意剖视图的标注，还应特别注意剖视图中波浪线的画法。

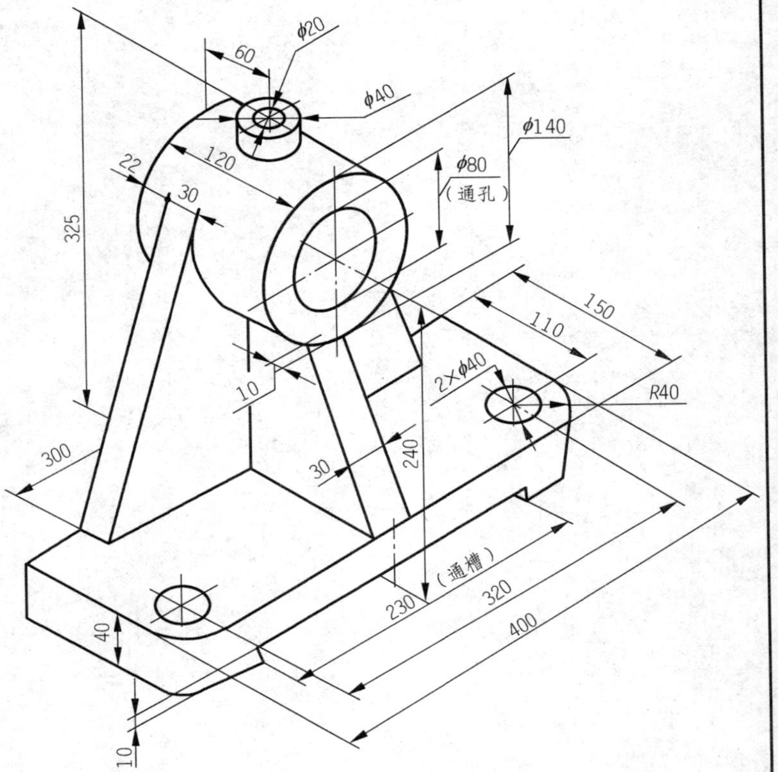

班级　　　　姓名

7－20　确定组合体的表达方法，用 A3 图纸绘图，并标注尺寸

1.

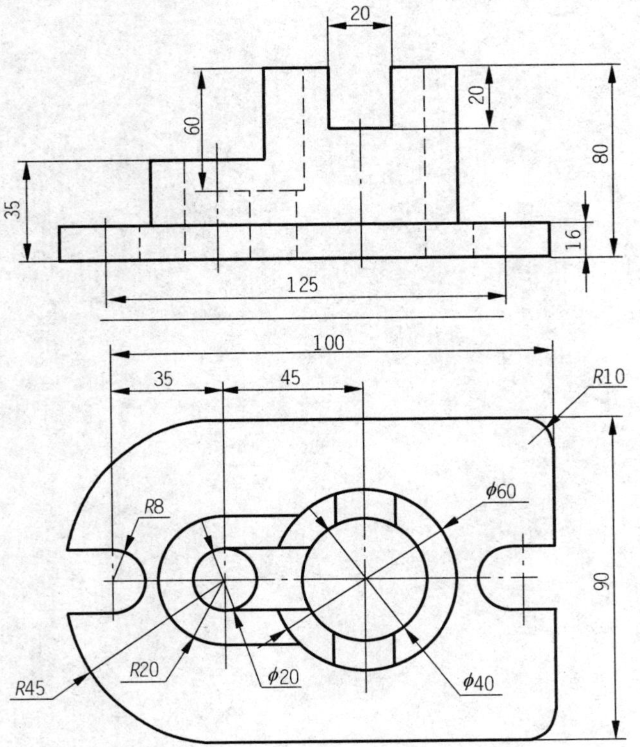

2.

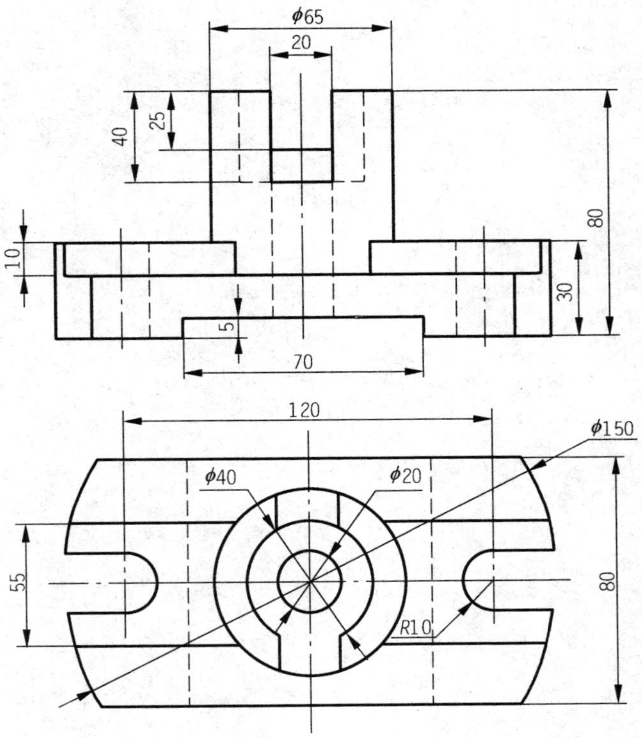

班级　　　　　　　　　姓名

7－20　确定组合体的表达方法，用 A3 图纸绘图，并标注尺寸（续）

3.

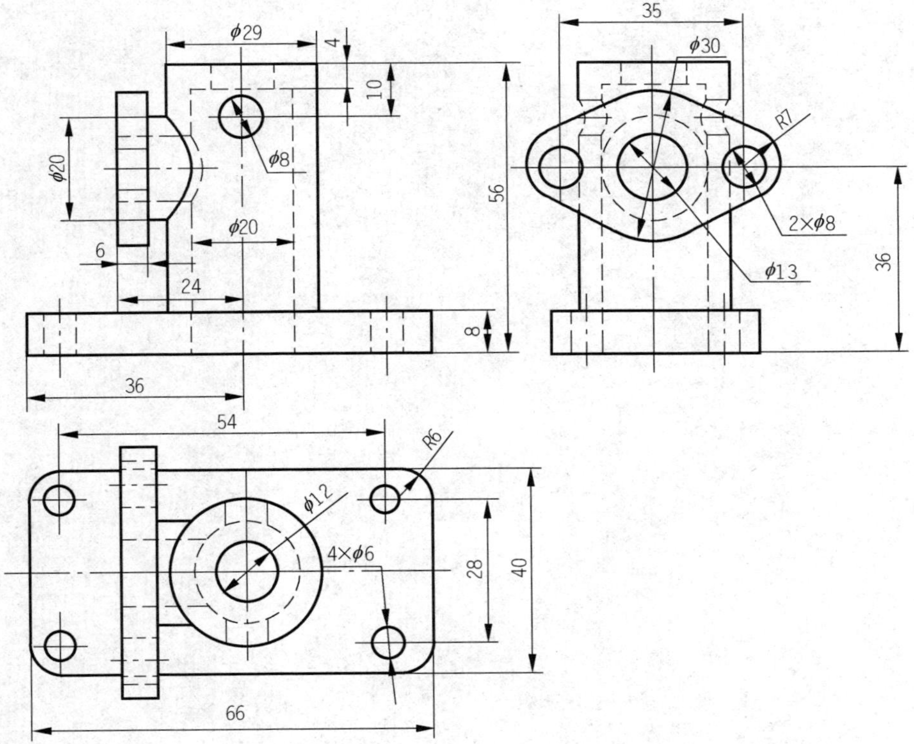

8 –1　分析螺纹画法的错误，并在指定位置画螺纹

1.

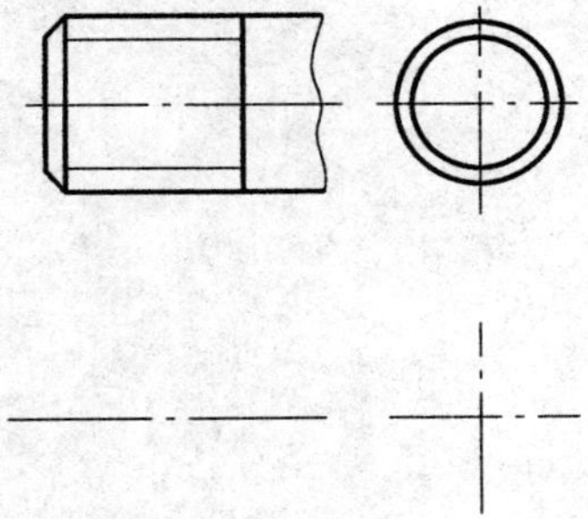

2.

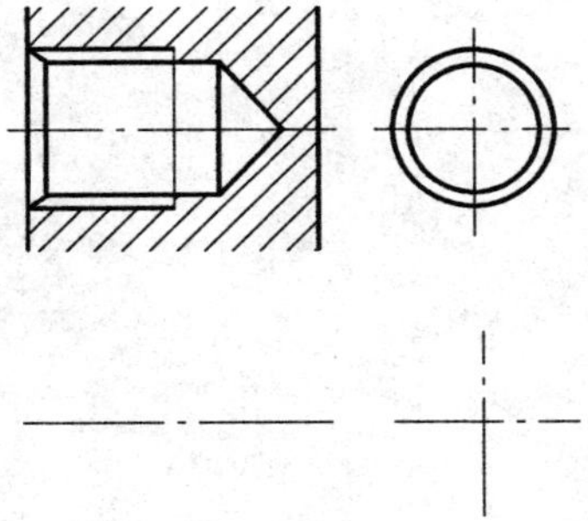

3.

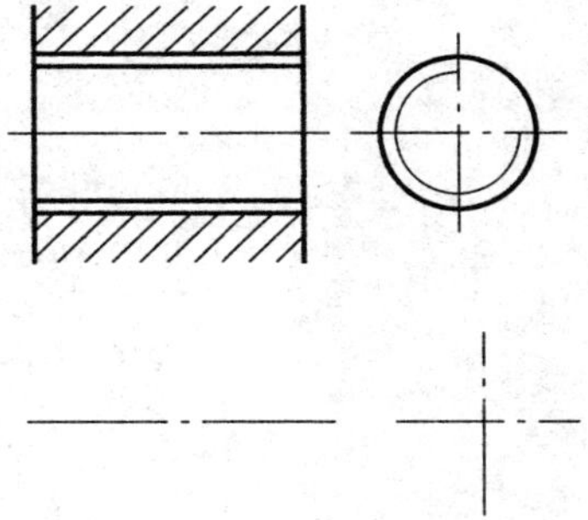

4.

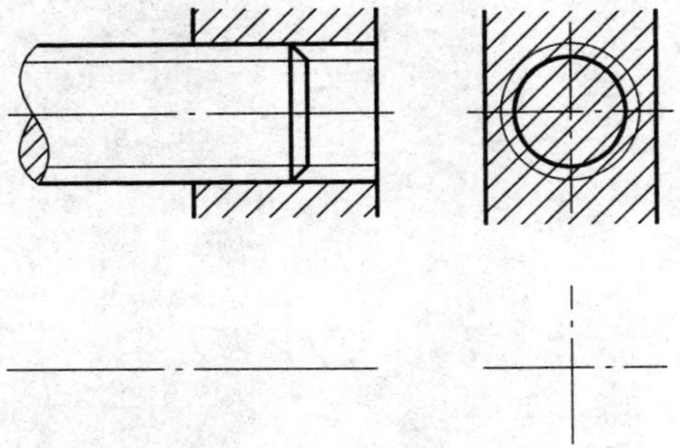

5.

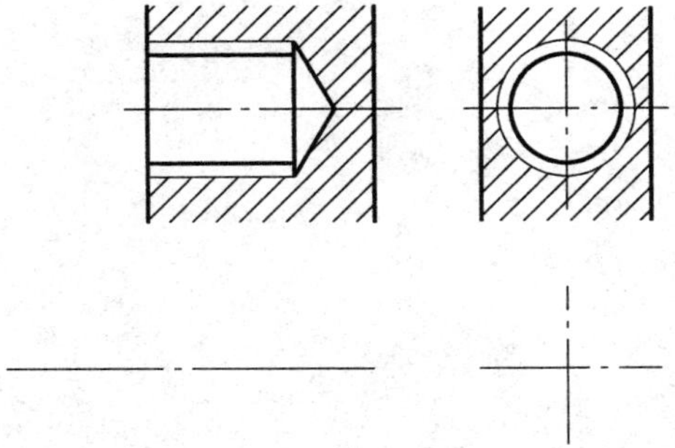

班级　　　　　　姓名

8－2 根据已知条件，在图形上标注螺纹代号

1．细牙普通螺纹，大径24mm，螺距1.5mm，右旋，螺纹公差带代号：中径为5g，顶径为6g。

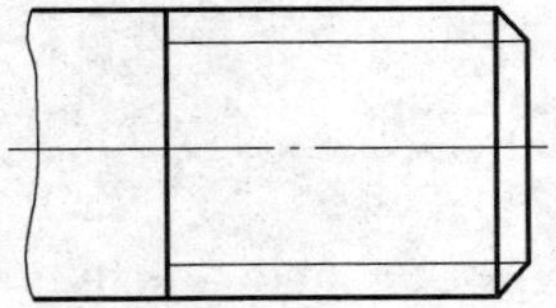

2．细牙螺纹，大径24mm，螺距3mm，左旋，螺纹公差带代号：中径和顶径均为6H。

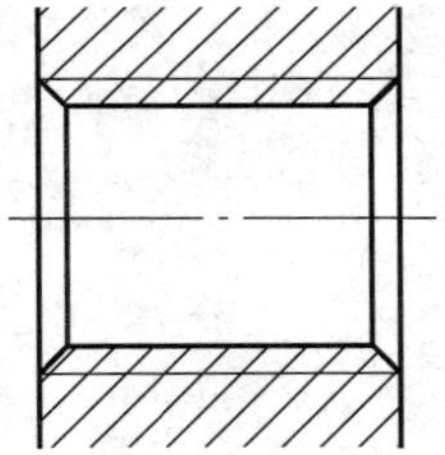

3．梯形螺纹，大径26mm，螺距5mm，双线，右旋，螺纹公差带代号：中径为5e，旋合长度为长旋合*L*。

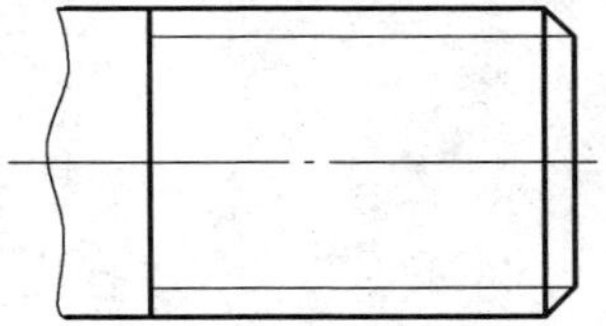

4．非螺纹密封的管螺纹，尺寸代号3/4，公差等级A。

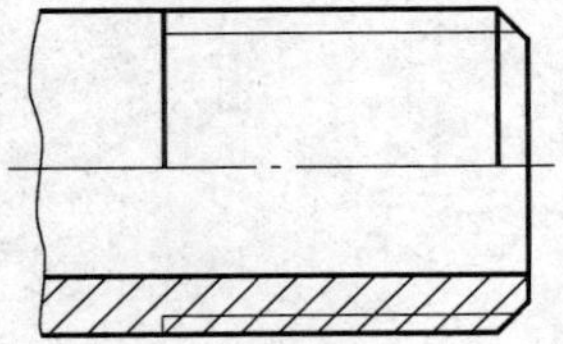

5．螺纹密封的管螺纹，尺寸代号3/4。

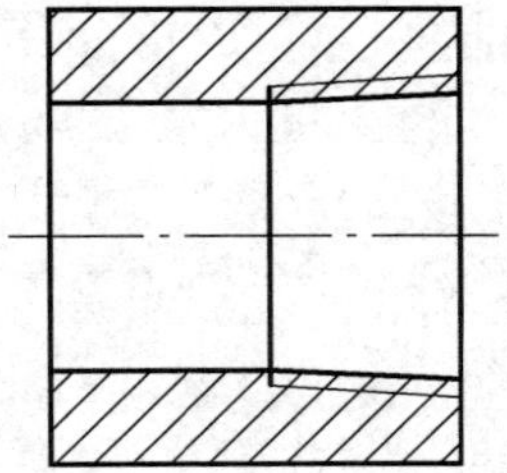

6．螺纹密封的管螺纹，尺寸代号3/4。

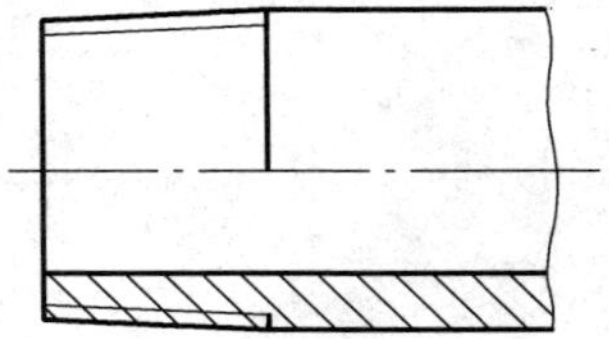

班级　　　　　　　　姓名

8－3　分析螺栓、螺钉连接图画法的错误，并在旁边画出正确的图形

1.

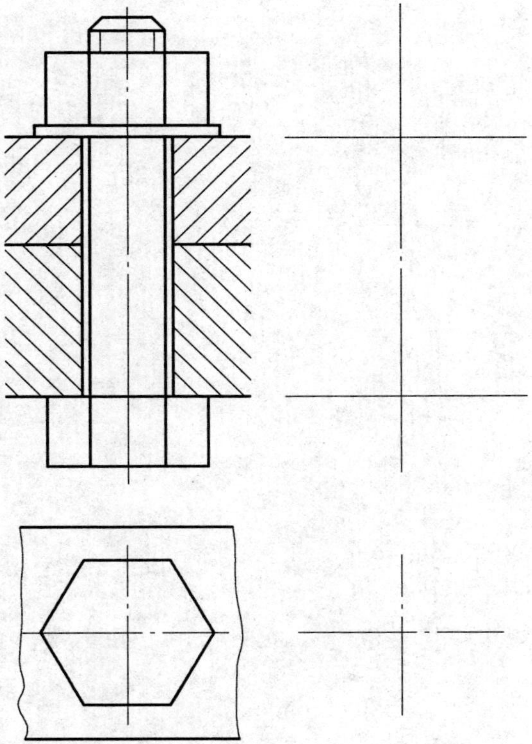

2.

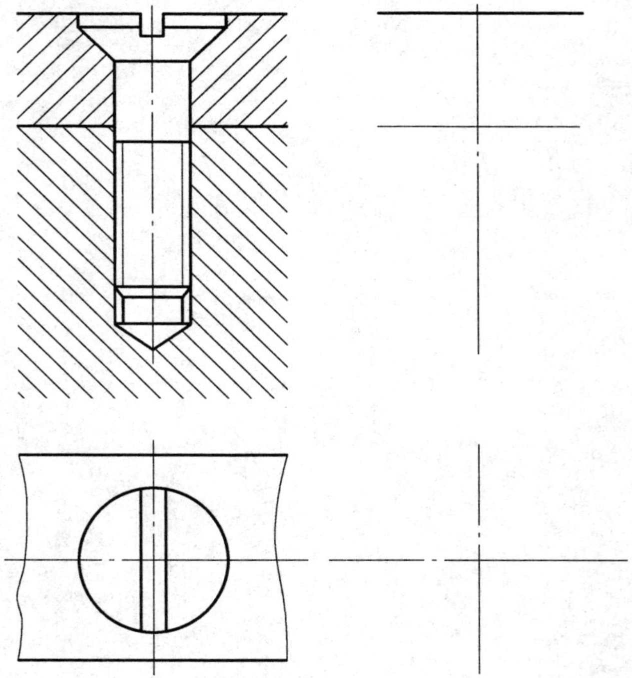

班级　　　　　　　　姓名

8－4　分析螺纹、螺柱连接图画法的错误，并在旁边画出正确的图形

1.

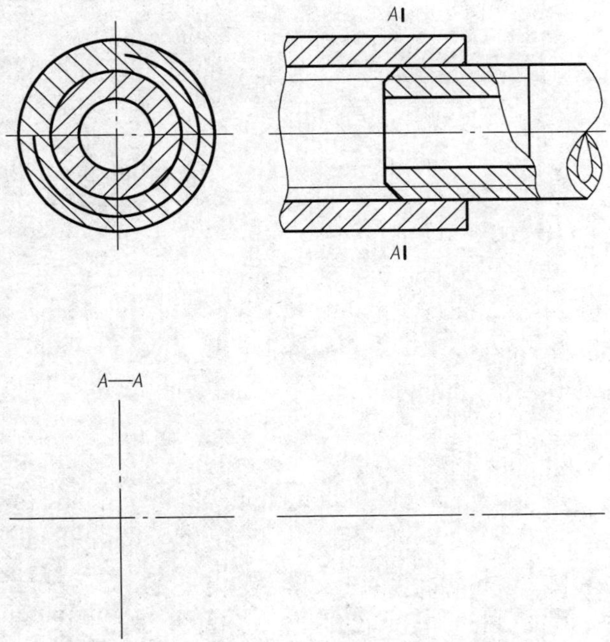

2.

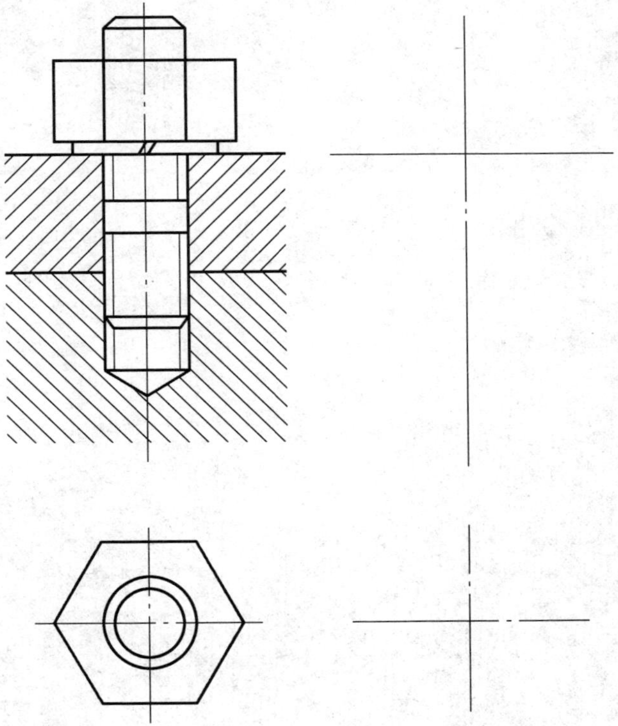

班级　　　　　　　　姓名

8-5 完成齿轮两视图

已知直齿圆柱齿轮 $m=5$，齿数 $z=40$，计算该齿轮的分度圆、齿顶圆和齿根圆的直径，用1:2完成下列两视图，并注尺寸（倒角 $C2$）。

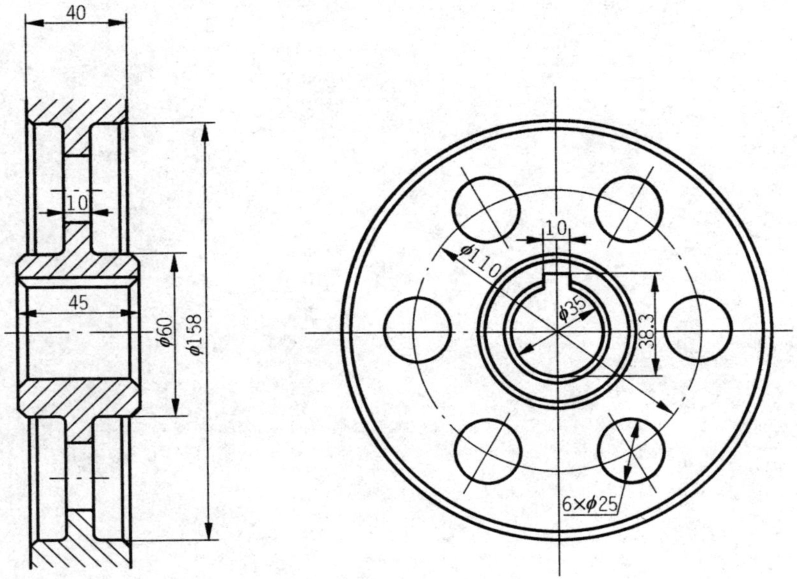

班级　　　　　　　　姓名

8－6　完成直齿圆柱齿轮的啮合图

已知大齿轮的模数m=5，齿数Z_2=38，两齿轮的中心距a=110mm，计算大、小齿轮的分度圆、齿顶圆和齿根圆的直径，并完成直齿直齿圆柱齿轮的啮合图。

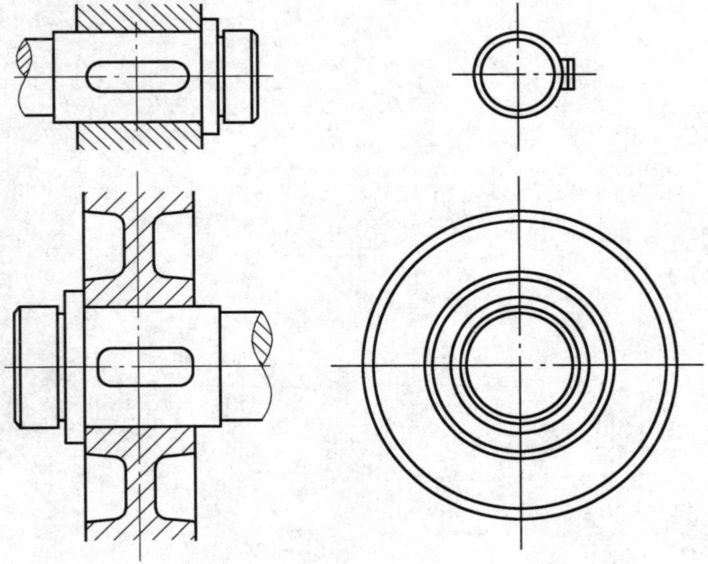

班级　　　　　　姓名

8 - 7　查表画轴和轴孔上的键槽，在右边画键连接图，并标注尺寸（轴的尺寸由图中量取）

1.

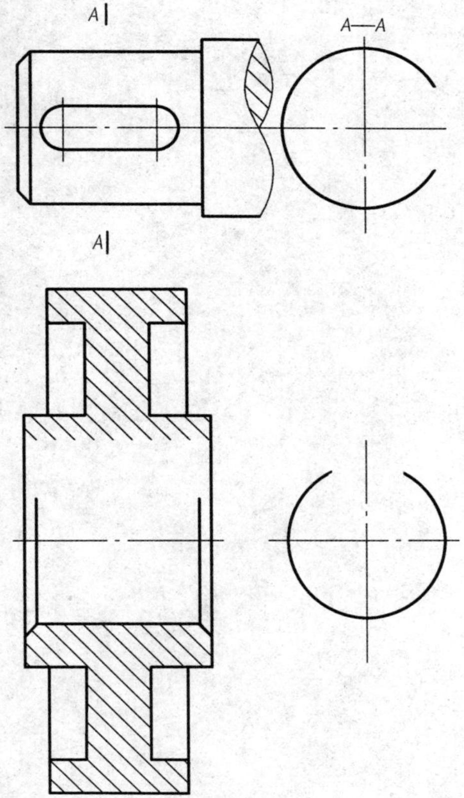

2.

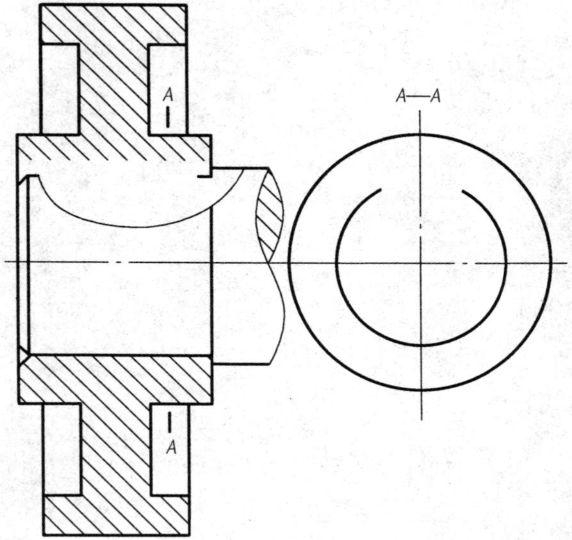

班级　　　　　　姓名

9-1 分析粗糙度的标注

分析下面表面粗糙度的标注是否有错，并将正确的标注标在右图上

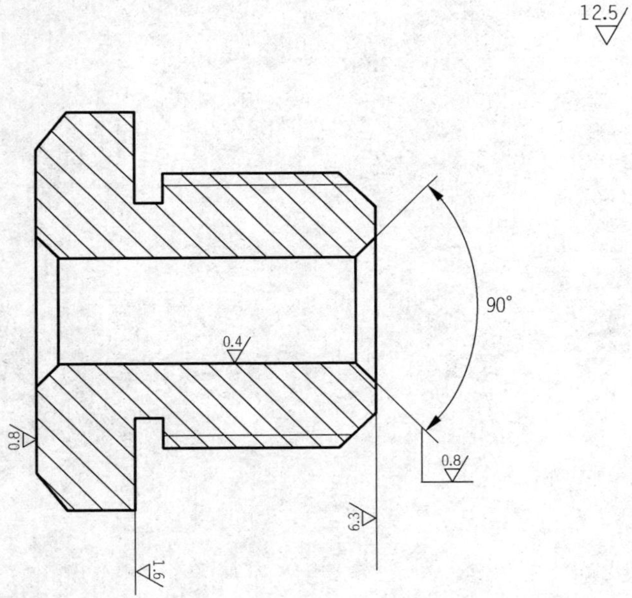

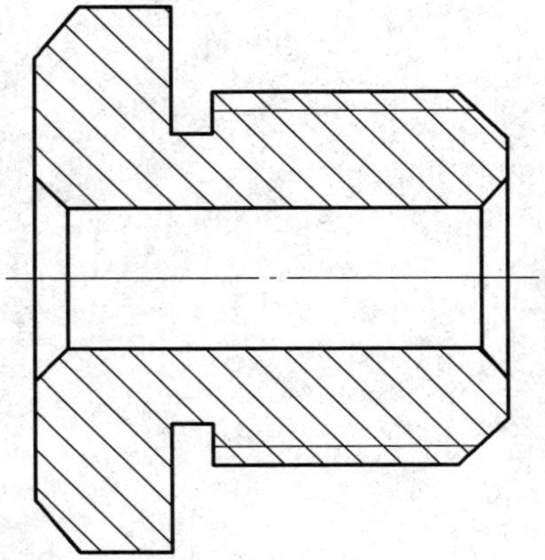

班级　　　　　　　　姓名

9-1 分析粗糙度的标注（续）

分析下面表面粗糙度的标注是否有错，并将正确的标注标在右图上

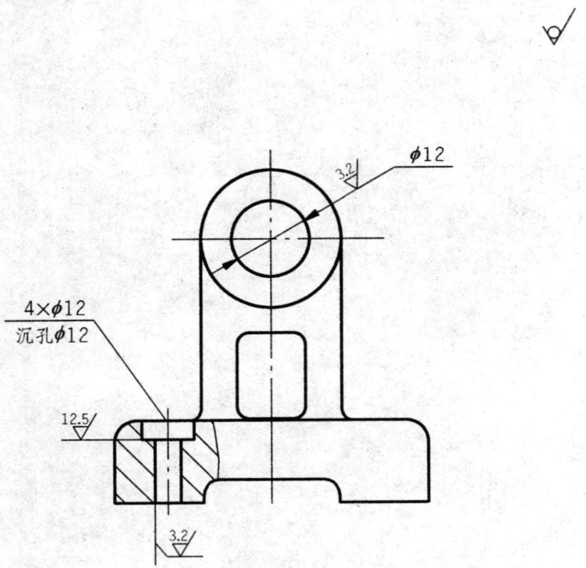

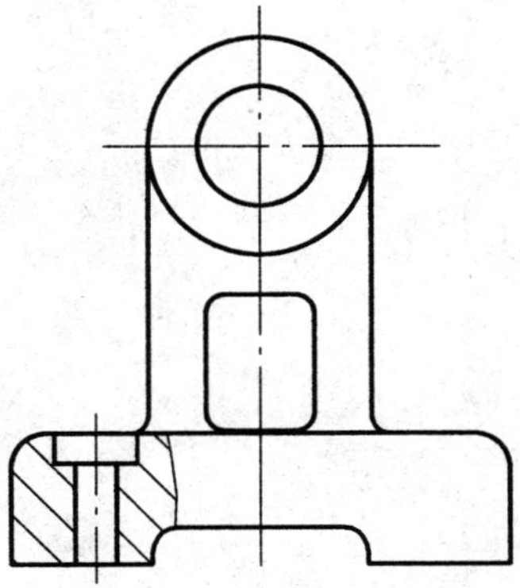

班级　　　　　　姓名

9－2　在图上标注形位公差

1. ϕ25K6对ϕ20K6和ϕ17K6的公共轴线的径向跳动公差为0.025;
2. 平面*A*对ϕ25K6的垂直度公差值为0.04;
3. 平面*B*、*C*对ϕ20K6和ϕ17K6的轴线的垂直度公差值为0.04;
4. 键槽对ϕ25K6轴线的对称度公差值为0.01。

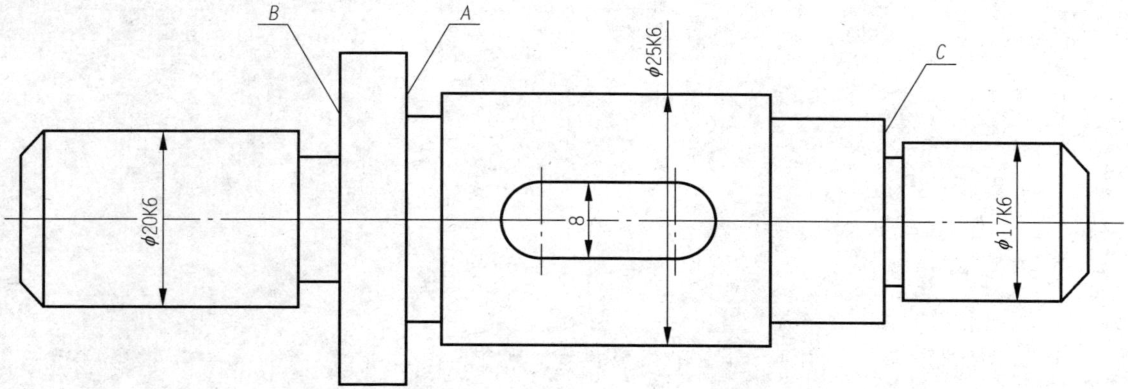

班级　　　　　　姓名

9-3 解释下列形位公差的含义

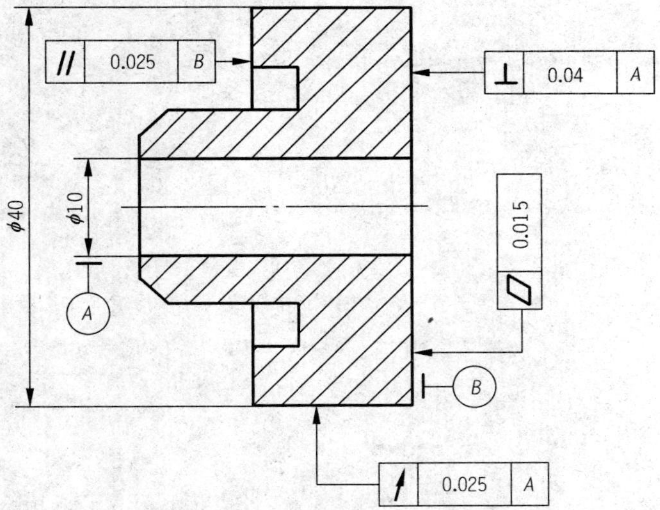

班级 姓名

读套筒零件图，补画视图，并填空

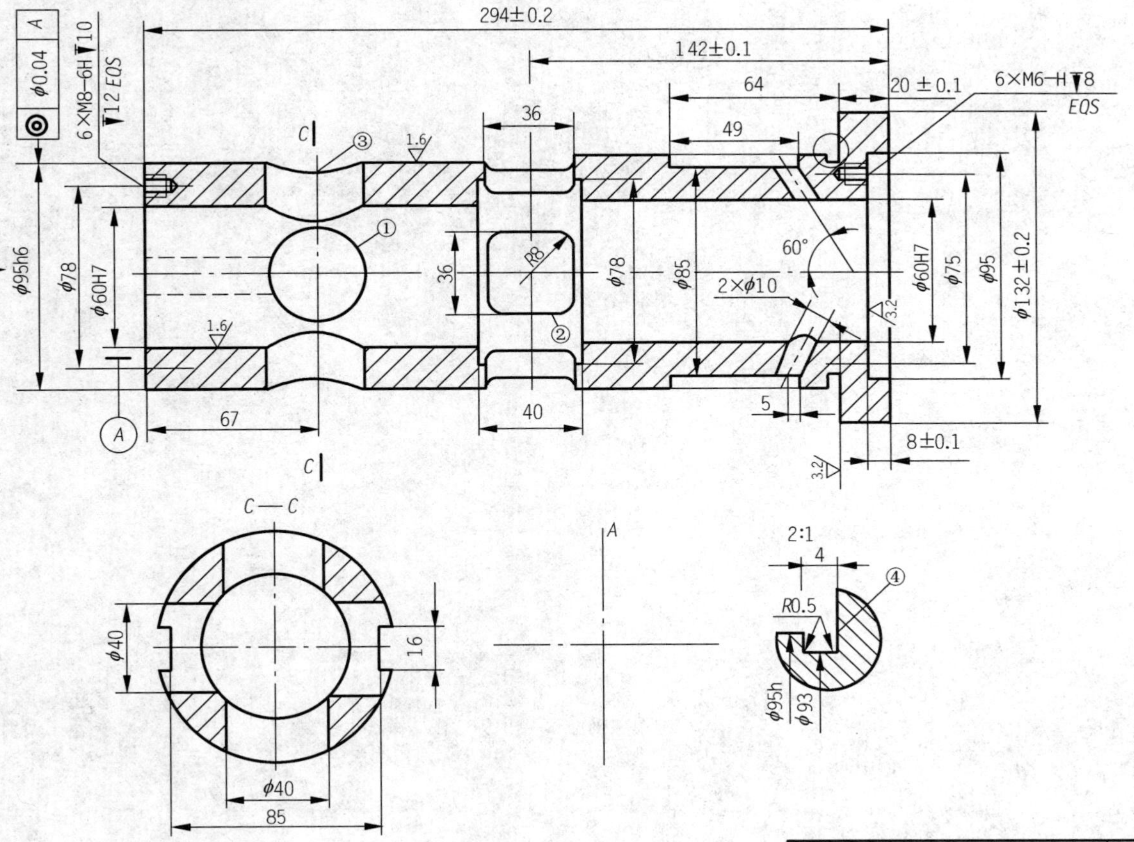

其余 $\sqrt{12.5}$

识读套筒零件图，回答下列问题：

1. 用符号▲指出径向与轴向主要尺寸基准。
2. 套筒左端两条虚线之间的距离为______。
3. 图中①的直径为______。
4. 图中②的线框，其定形尺寸为______，定位尺寸为______。
5. 图中③的曲线是由______和______相交而成的______。
6. 外圆面ϕ132 ±0.2 最大可加工成______，最小为______，公差为______。
7. 说明符号 ⊚ | ϕ0.04 | A 的含义，⊚表示______，ϕ0.04 表示______，A 是______。
8. 局部放大图中④所指位置的表面粗糙度为______。
9. 靠近右端的 2×ϕ10 孔的定位尺寸______。
10. 绘出 A 向视图。

技术要求

(1) 锐边倒钝，未注倒角 C2。
(2) 全部螺孔倒角 C1。

设 计			45		（厂 名）
校 核					套 筒
审 核			比 例	1:1	（图 号）

班级　　　　姓名

9－5　读油压缸端盖零件图，回答问题

其余 6.3/▽

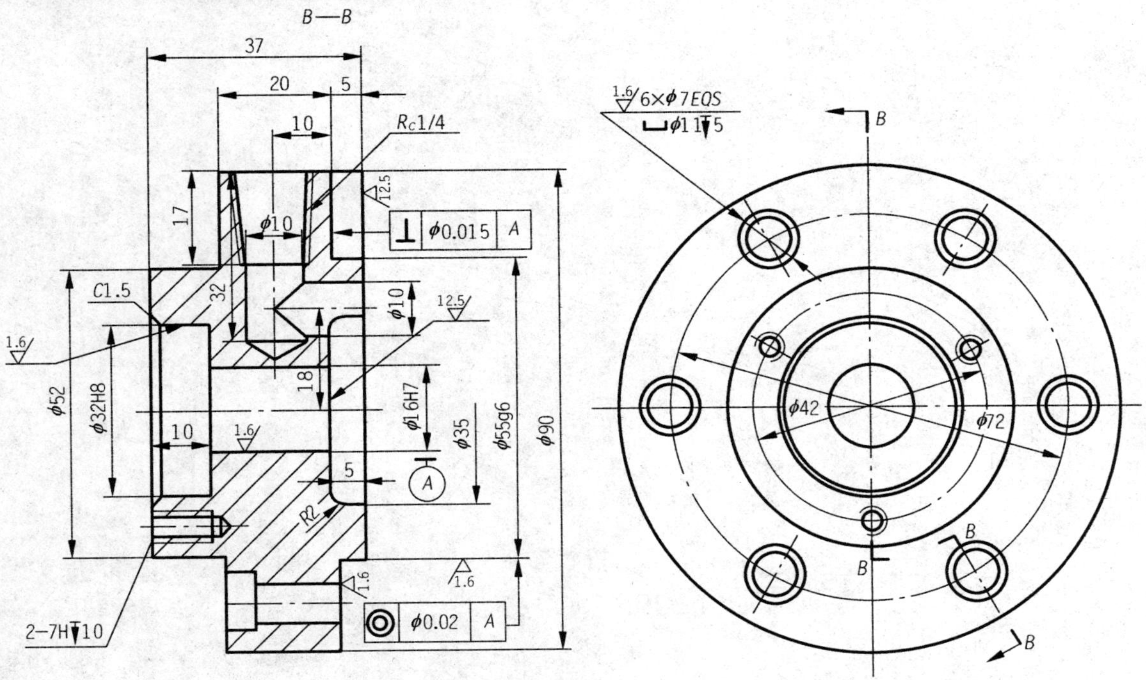

读油压缸端盖图回答下列问题：

1. 主视图采用了______剖视图。

2. 用指引线和文字在图上注明轴向尺寸和径向尺寸的主要基准。

3. 右端面上 φ10 圆柱孔的定位尺寸为____。

4. R_C1/4 是______螺纹，孔径尺寸为_____。

5. $\dfrac{3\times \text{M5—7H}▼10}{孔▼12}$ 表示_____个_____孔，大径为____，公差带代号为_____，螺孔深为_____，钻孔深为_____，$\dfrac{6\times \phi 7EQS}{⌴\phi 11▼5}$ 表示____个____孔，沉孔直径为_____，深为_____。

6. φ16H7 是基______制的______孔，公差等级为______。

7. [⊥ | φ0.015 | A] 的含义：表示被测要素为_____的_____端面，基准要素为φ_____轴线，公差项目为_____，公差值为_____。

8. 在图上指定位置画出右视的外形图(虚线不画)。

技术要求

(1) 要求铸件表面平滑，不许有砂眼、裂纹等缺陷。

(2) 未注铸造圆角 $R3$。

(3) 未注倒角 $C1$。

(4) 未注尺寸公差按 IT15 级。

			比　例	数　量	材　料	
油压缸端盖					HT150	
制　图						
审　核						

班级　　　　　　姓名

9-6 读托脚零件图，回答问题

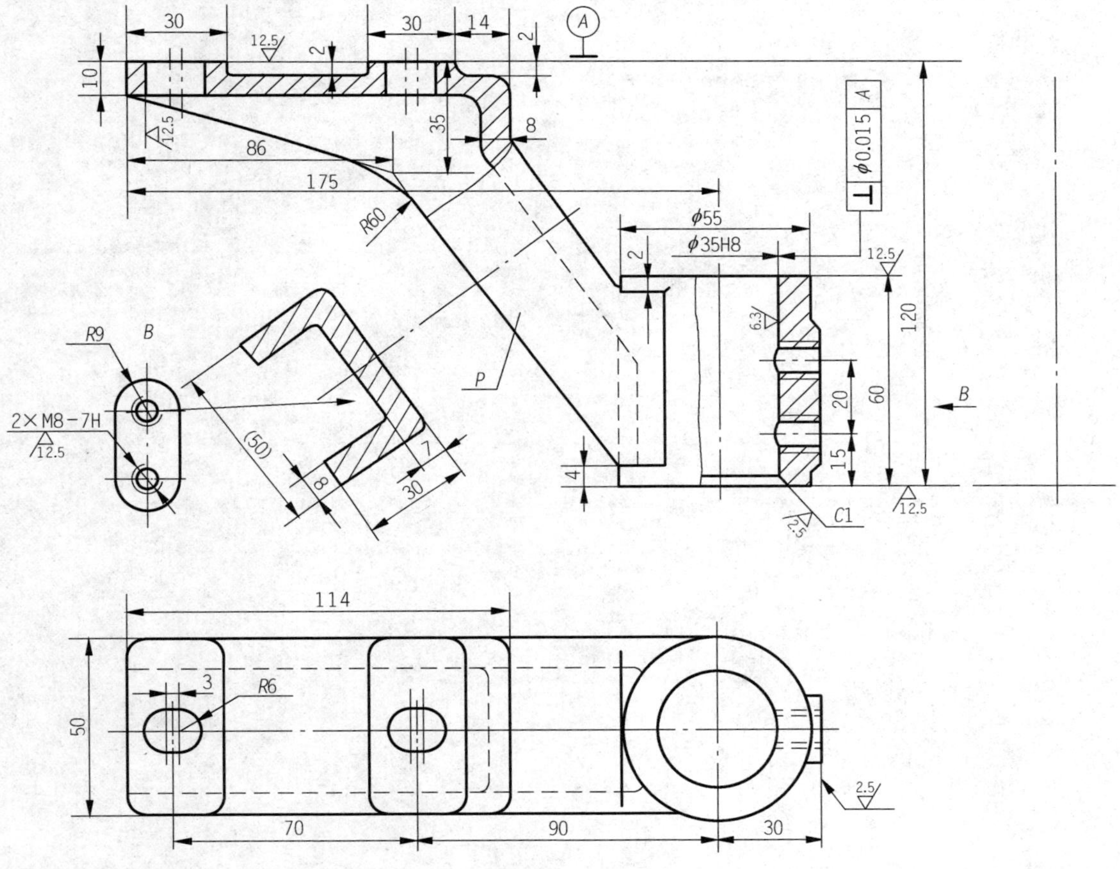

其余 $\sqrt{}$

读托脚零件图回答下列问题：

1. 主视图上有两处采用____剖视，上方注有“*B*”的图形是____视图。
2. 用符号▲指出长、宽、高方向的尺寸基准。
3. 孔 ϕ35H8 的最大极限尺寸为____，最小极限尺寸为____，H8 是____代号，H 是____代号，8 是____代号。
4. 主视图中 | ⊥ | ϕ0.015 | *A* | 的含义：基准要素是____________，被测要素是____________，公差项目是____________，公差值为__________。
5. 该零件安装底面有两个____________形的安装螺栓孔，安装底面粗糙度为______________。
6. *B*向图中两螺孔的中心距是__________。
7. 主视图中 *P* 面的表面粗糙度为________。
8. 试画出左视图。

技术要求

(1) 未注铸造圆角 *R*3～*R*5。

(2) 铸件不得有砂眼、裂纹。

设 计			HT150		（厂 名）
校 核					托 脚
审 核			比 例	1:2	（图 号）

班级　　　　姓名

9-7 读减速器箱体零件图，回答问题

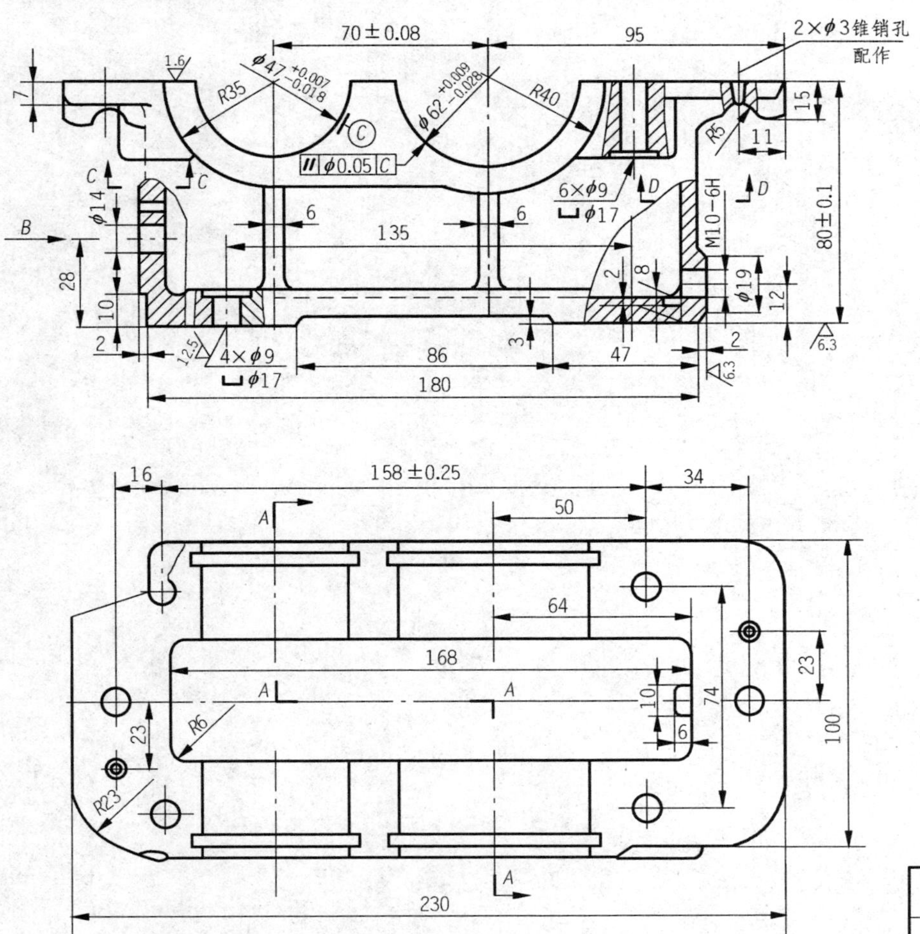

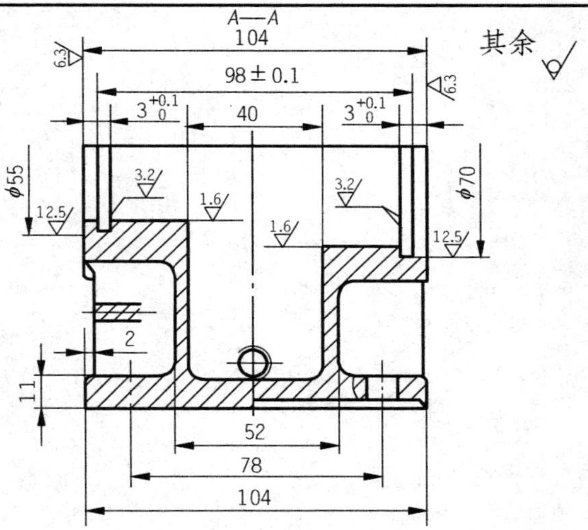

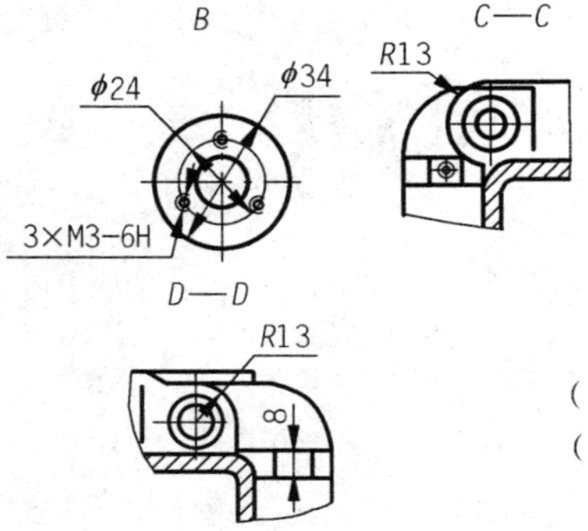

技术要求

（1）铸件作时效处理。

（2）未注铸件造圆角 R2~R3。

设计			HT 200	（厂名）
校核				箱体
审核			比例 1:1	（图号）

班级　　　　姓名

9－7　读减速器箱体零件图，回答问题（续）

1. 箱体零件图共用________个图形表达。主视图上有________处局部剖视，C—C 和 D—D 局部剖视表示________个 ϕ ________的沉孔内部结构，C—C 剖视图中的小圆是________孔的位置。

2. 用符号▲指出箱体长、宽、高方向的主要尺寸基准，查找主视图上有________个定位尺寸，俯视图上有________个定位尺寸，左视图上有________个定位尺寸。

3. 箱体零件图中有________处尺寸注有极限偏差数值，说明它们与其他零件有________关系，其中表面粗糙度要求最严的 Ra 的上限值为________ μm。

4. 对箱体零件图作了大致了解后，再对箱体的结构形状作深入分析。

（1）联系主视图、左视图可知，俯视图中间的矩形线框（四周圆角）是容纳一对啮合齿轮和贮存润滑油的油槽，查找油槽的尺寸：长________、宽________、深________，油槽的壁厚为________。

（2）油槽左壁 ϕ14 观察孔的结构形状和尺寸由________图表示，右壁下部 M10－6H（放油）孔左边凹坑的尺寸：长________、宽________、深________，它的作用是____。

（3）油槽四周的突出部分是为了便于与箱体________连接而设置的连接板，连接板上有两个________孔和六个________孔，它们的尺寸和数量在________视图上表示。

（4）左视图上前后对称、宽度为 $3^{+0.1}_{0}$ 的槽的作用是____________。

（5）为增加上下两部分的强度，中部设有________条加强肋，在左视图上用________图表达。

班级　　　　　　　　姓名

9-8 读阀盖零件图，回答问题

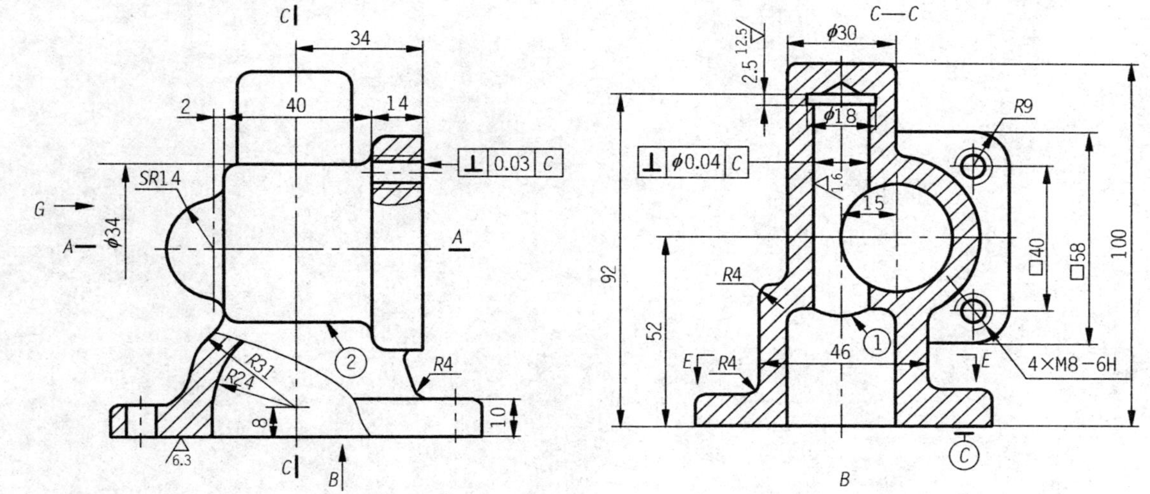

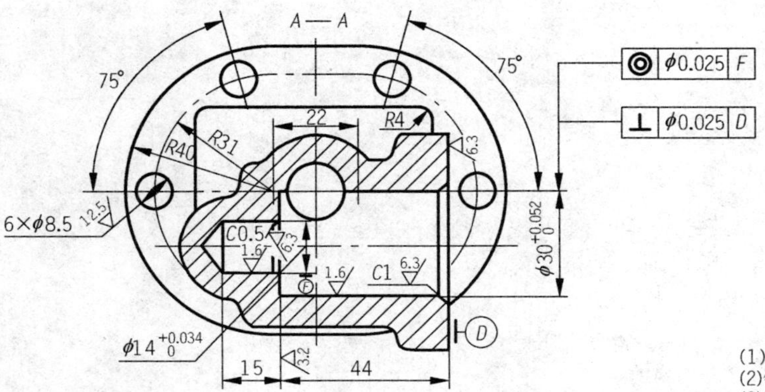

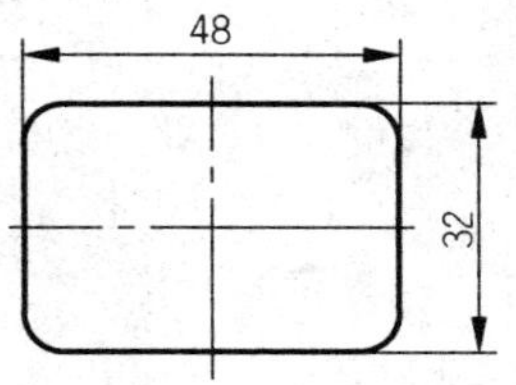

◎	ϕ0.025	F
⊥	ϕ0.025	D

读阀盖零件图，回答下列问题并作图：

1. 阀盖零件图采用了哪些表达方法，各视图表达重点是什么？
2. 用文字反映出长、宽、高三个方向主要尺寸基准。
3. 说明下列尺寸意义：

   SR14____

   □58____

   4×M8−6H____

4. 左视图中的下列尺寸属于哪种类型尺寸（定形、定位）？

   92____ 100____

   52____ ϕ30____

   46____ 15____

   □40____ □58____

5. $\phi30^{+0.025}_{0}$最大极限尺寸为____，最小极限尺寸为____，公差为____，查表改写成公差带代号为____。
6. 阀盖加工表面粗糙度为 1.6 的共有____处。
7. 图中①指的是____线；②指的是____线。
8. 解释图中形位公差的意义。

◎	ϕ0.025	F	____
⊥	ϕ0.025	D	____

9. 另用纸画出 G 向视图和 E—E 剖视图。

技术要求

(1)未注明铸造圆角为R2～R3。
(2)铸件不准有砂眼或缩孔。
(3)进行水压试验0.5MPa，保压10min，无泄漏。

阀盖	比例	数量	材料
			HT 200
制图			
审核			

班级　　　　姓名

9－9　读箱体零件图，回答问题

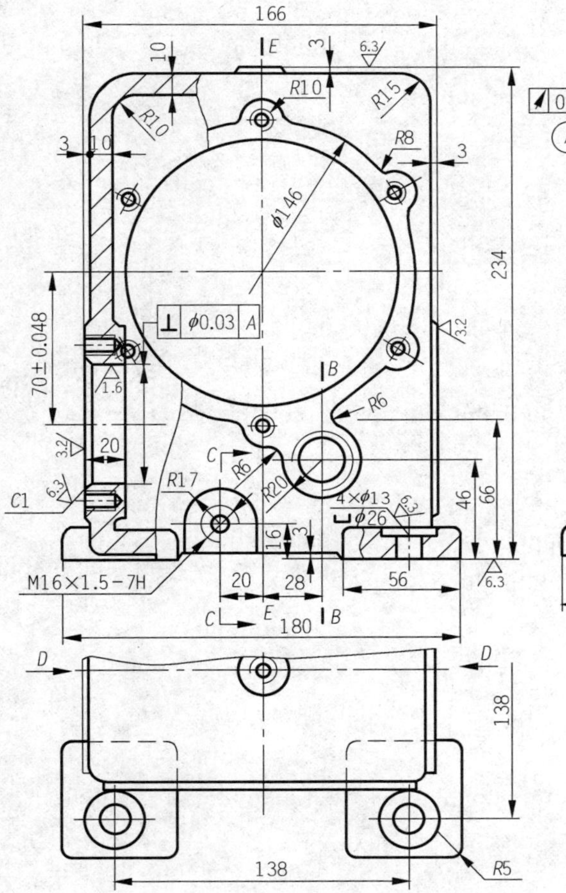

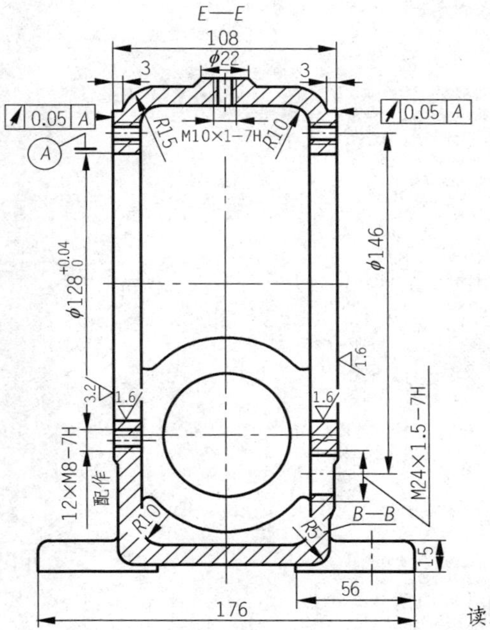

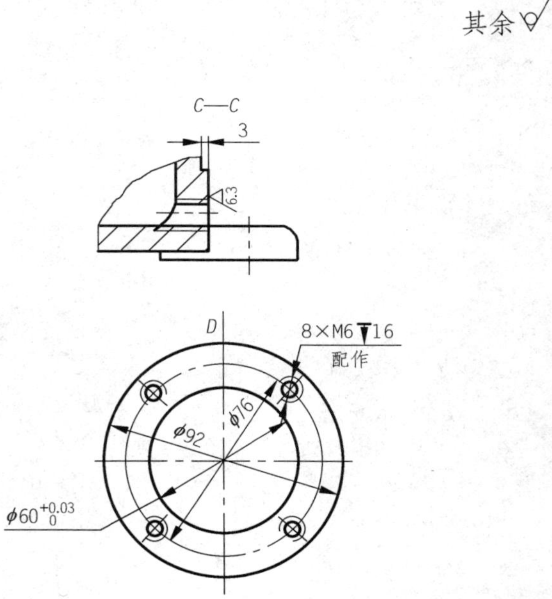

技术要求

(1)铸件不能有气孔、砂眼、缩孔等。
(2)时效处理。
(3)非加工面涂漆。
(4)未注圆角R3～R5。
(5)未注尺寸公差按IT14。
(6)未注形位公差的公差等级按m级。

读箱体零件图，回答下列问题并作图：

1. 零件图上采用了___个图形，属于基本视图和局部视图的有__视图、__视图和___视图，C—C为__剖视，B—B为__。
2. 用指引线和文字注明长、宽、高三个方向尺寸的主要基准。
3. 箱体上共有螺孔___个。其尺寸是___。
4. 该零件上表面粗糙度Ra最大的为___，最小的为___。
5. ⊥ ϕ0.03 A 的含义：被测要素为___，基准要素为___，公差项目为__，公差值为___。
6. 按与主视图的投影关系配置，另用纸画出右视图外形图。

班级　　　　　　姓名

10－1　读柱塞式油泵装配图，回答问题

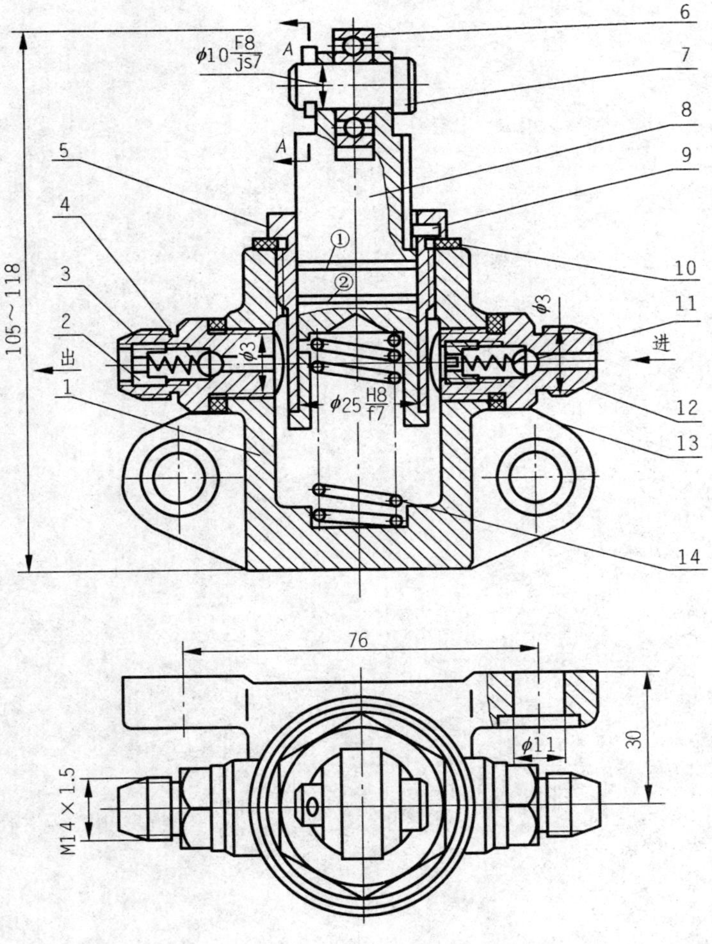

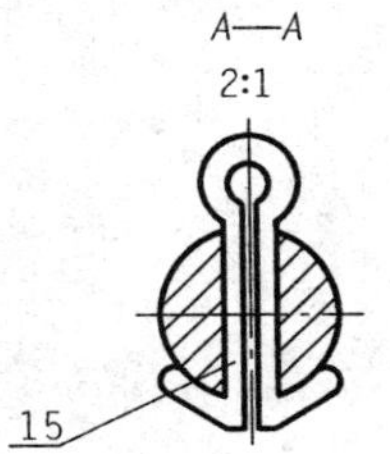

15	销 2×12	1	35	GB/T91—2000
14	弹 簧	1	65Mn	
13	垫 圈	2	橡 胶	
12	右阀体	1	35	
11	钢 球	2	GCr15	
10	垫 圈	1	橡 胶	
9	销 3n6×10	2	35	GB/T119—2000
8	滑 柱	1	45	
7	小 轴	1	45	
6	轴承 G0202	1		
5	导向轴套	1	35	
4	弹 簧	2	65Mn	
3	左阀体	1	35	
2	调整螺塞	2	35	
1	泵 体	1	HT150	
序 号	名 称	件 数	材 料	备 注
设 计				（图号）
校 核				柱塞式油泵
审 核			比 例　1:1	（厂名）

班级　　　　姓名

10-1 读柱塞式油泵装配图，回答问题

10-1 读柱塞式油泵装配图，回答问题（续）

柱塞式油泵用于机器的润滑系统，行程6~12mm。由于外力的作用（凸轮旋转，轴承6与其接触，图中未画），滑柱8克服弹簧力而上下往复移动，油泵即完成吸进低压油、压出高压油的工作过程。图示滑柱为最高位置。当滑柱下移时，油腔容积变小，压力变大，右阀门关闭，油液通过左阀门 $\phi3$ 小孔顶开钢球11流入润滑系统。当滑柱上移时，油腔容积变大，压力变小，左阀门关闭，油液通过右阀门 $\phi3$ 小孔吸入油腔，得以补充。

回答下列问题：

1. 主视图采用________剖视，表达柱塞式油泵主要零件之间的装配关系以及________，俯视图表达柱塞式油泵的________，*A*—*A* 剖视图表达________。
2. $\phi10$H8/js7 表示件________与件________之间是________制________配合。
3. 主视图中标有①②两处的小槽的作用是________，销9的作用是________。
4. 左、右阀体3和12的结构是否相同，为什么？分别调整左、右阀体中的调整螺塞对油泵供油状况有什么影响？
5. 拆画泵体1零件图。

班级　　　　　　姓名

10－2 读仪表车床尾架装配图，回答问题

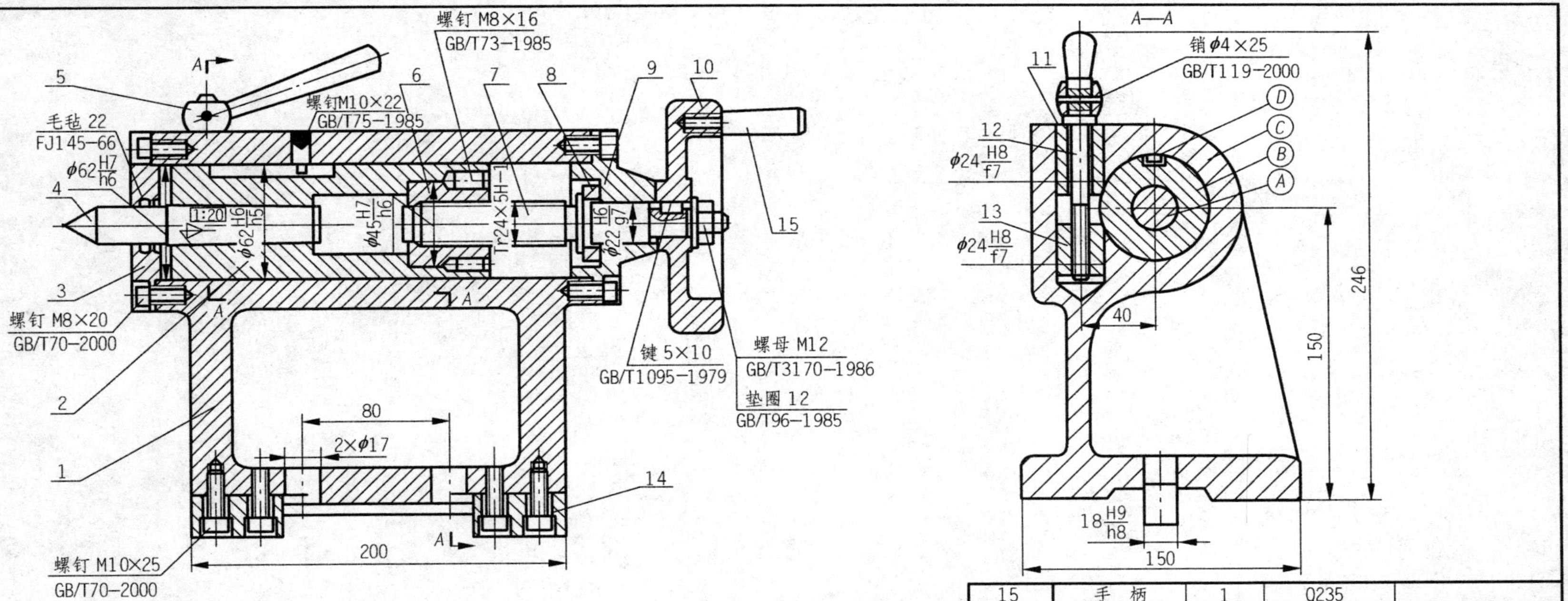

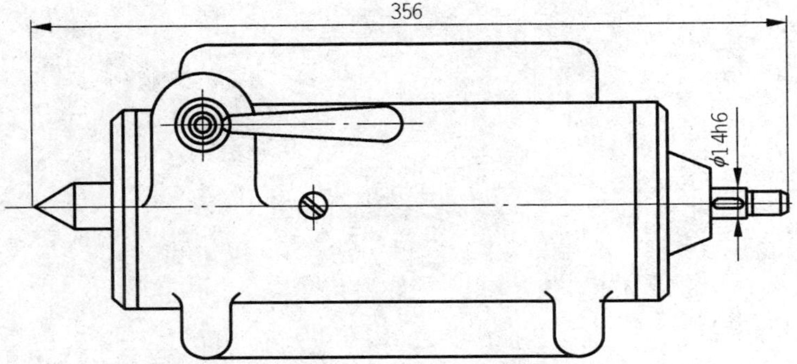

序号	名称	件数	材料	备注
15	手柄	1	Q235	
14	定位键	2	45	
13	夹紧套	1	Q235	
12	螺杆	1	Q235	
11	夹紧套	1	Q235	
10	手轮	1	HT150	
9	后端盖	1	HT150	
8	垫圈	1	Q235	
7	螺杆	1	45	
6	螺母	1	ZQSn10－1	
5	手柄	1	45	
4	顶尖	1	T12A	
3	前端盖	1	HT150	
2	轴套	1	45	
1	尾架体	1	HT200	

设计			（厂名）
校核			仪表车床尾架
审核		比例	（图号）

班级　　　　姓名

10－3　读机用虎钳装配图，回答问题

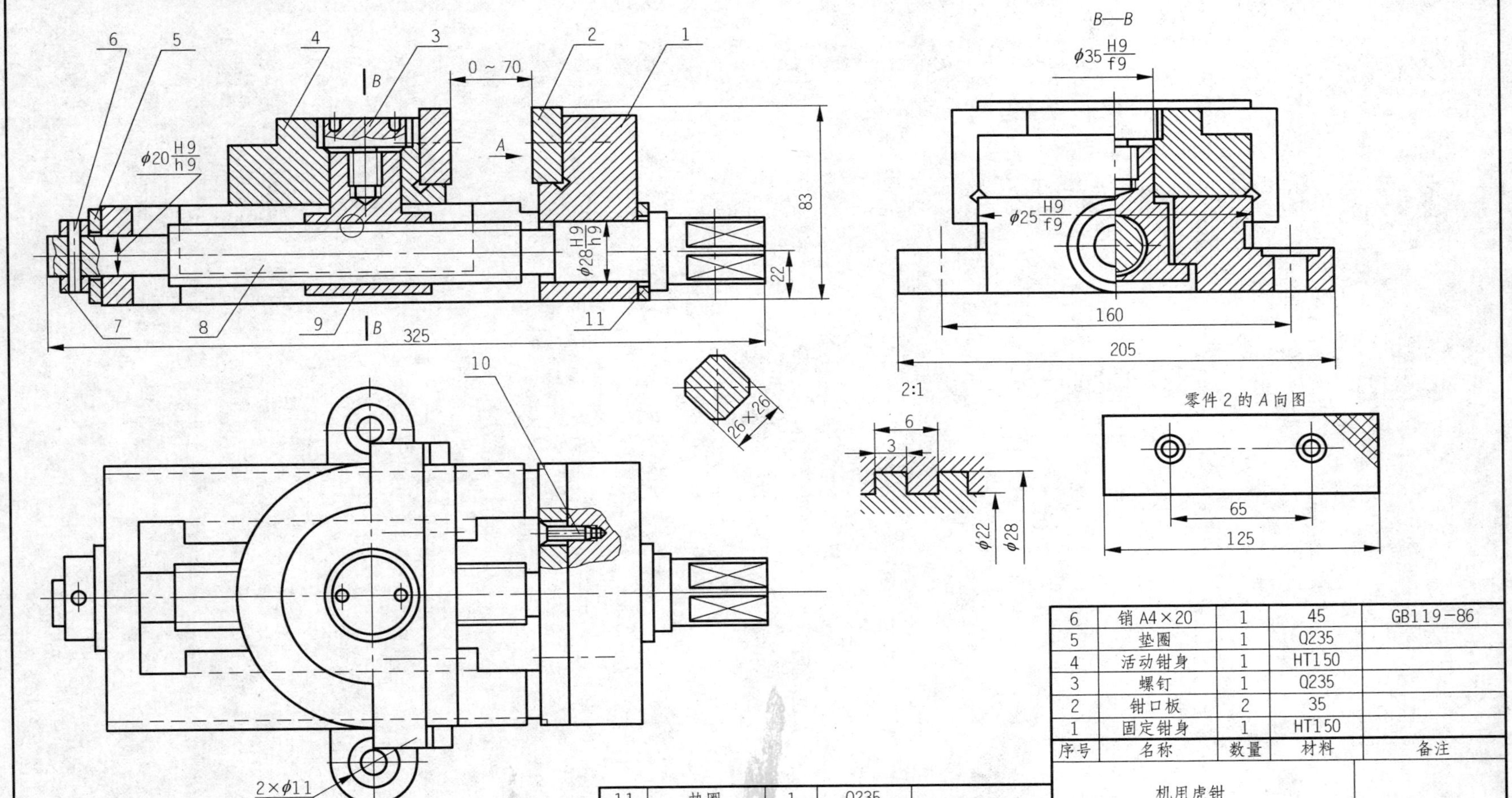

序号	名称	数量	材料	备注
6	销 A4×20	1	45	GB119－86
5	垫圈	1	Q235	
4	活动钳身	1	HT150	
3	螺钉	1	Q235	
2	钳口板	2	35	
1	固定钳身	1	HT150	

11	垫圈	1	Q235	
10	螺钉 M6×18	4	Q235	GB68－85
9	螺母	1	Q235	
8	螺杆	1	45	
7	挡环	1	Q235	

机用虎钳		比例	
		1:2	
制图			
校对			
审核			

班级　　　　　　姓名

10－4　齿轮泵零件图

看懂齿轮泵的零件图，根据示意图，了解每个零件的作用和位置，并画出装配图。

齿轮泵工作原理：

部件由装在泵体内的一对外啮合齿轮组成，齿轮端面与泵体内端及泵盖形成密封。当齿轮轴在带轮的带动下转动时，带动另一齿轮同时转动。这时进油口一侧的啮合齿逐渐分离，齿间的容积逐渐增大形成部分真空，因此油箱中的油在外界大气压力的作用下，通过进油管吸入泵腔。然后，吸入的油随齿轮的旋转被带到泵体出油腔一侧。在轮齿啮合的作用下，齿间容积逐渐减小，油压增高，达到将压力油输送到压力管路，为液压器件提供油压的作用。

1.

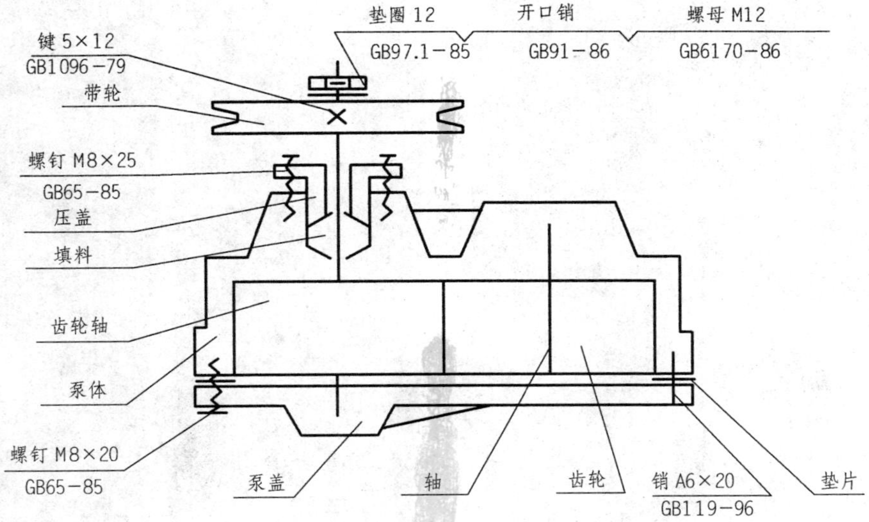

班级　　　　姓名

2.

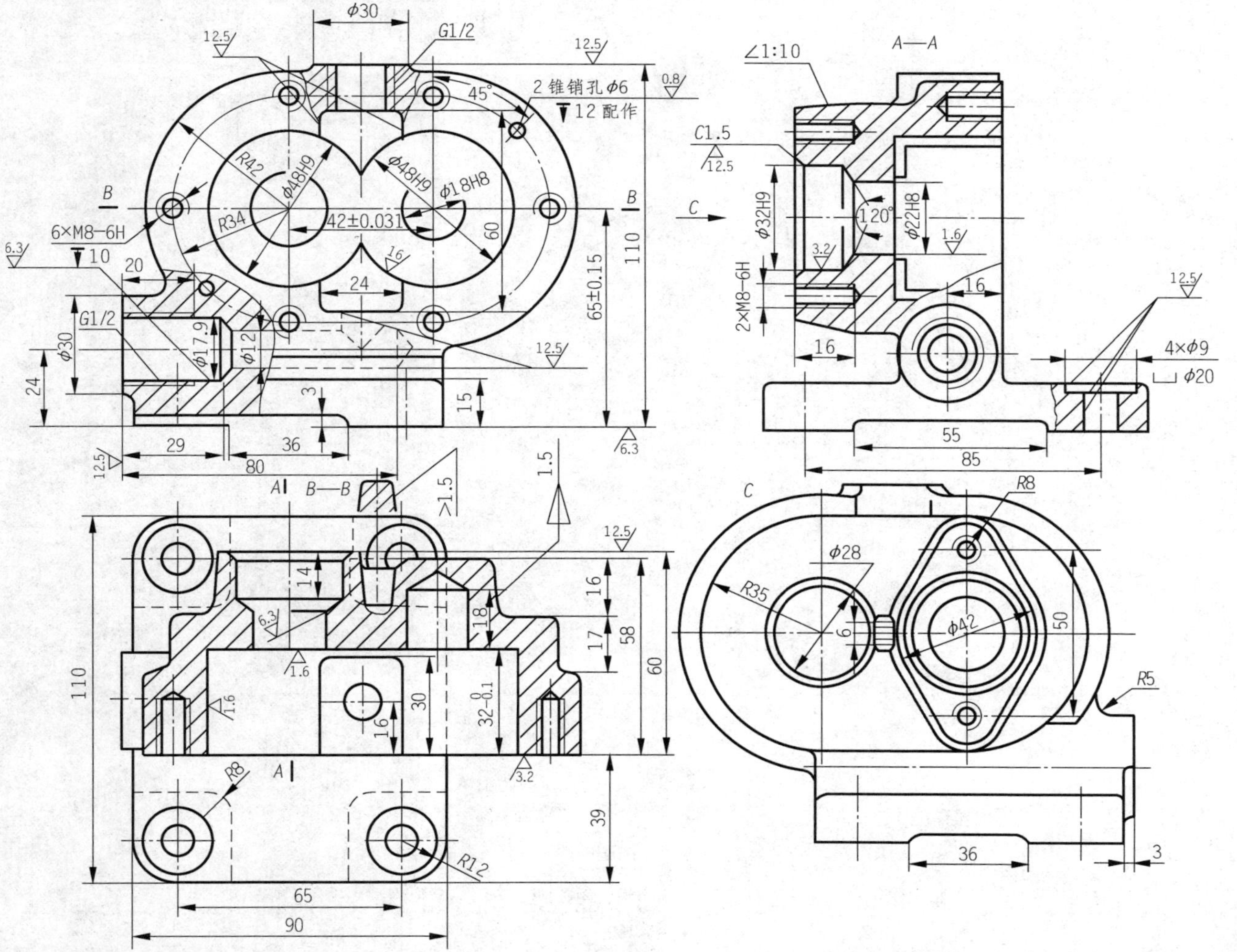

其余 Ra

技术要求

(1) 所有夹角去毛刺。

(2) 未注圆角 R3。

代号	J52-1	材料	HT150
名称	泵体	比例	1:2

班级　　　　姓名

10－4　齿轮泵零件图（续）

3.

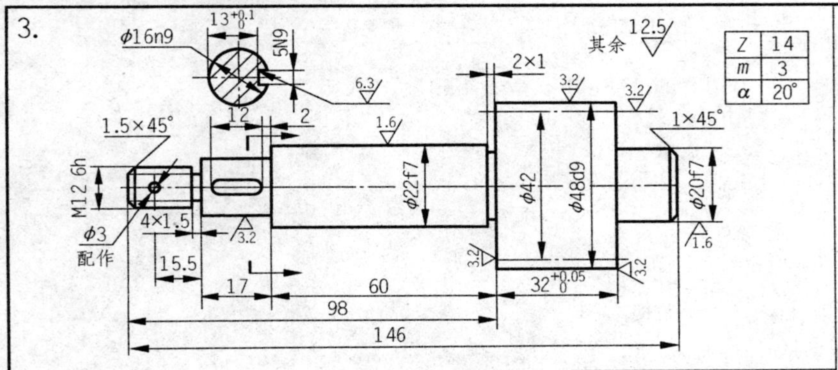

代号	J52-2	材料	45
名称	齿轮轴	比例	1:2

4.

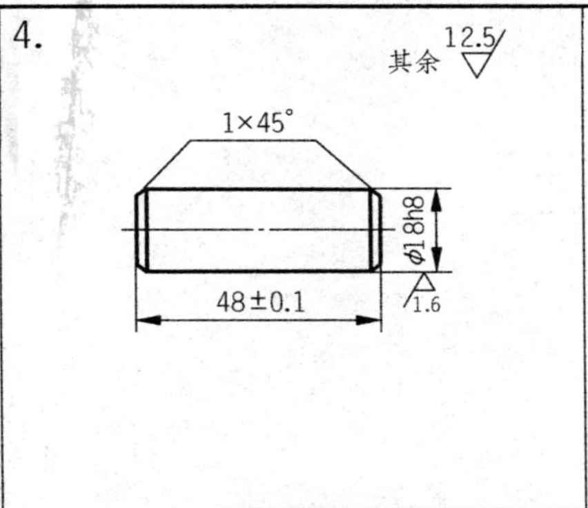

代号	J52-3	材料	45
名称	轴	比例	1:2

5.

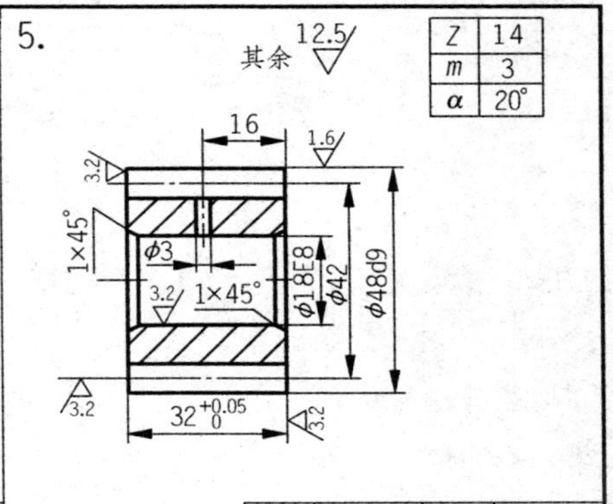

代号	J52-4	材料	45
名称	齿轮	比例	1:2

6.

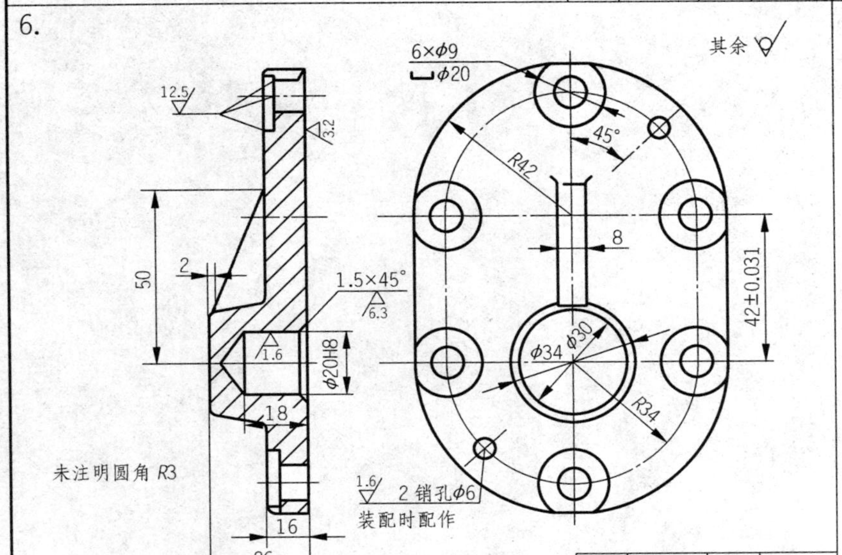

代号	J52-7	材料	HT150
名称	泵盖	比例	1:2

7.

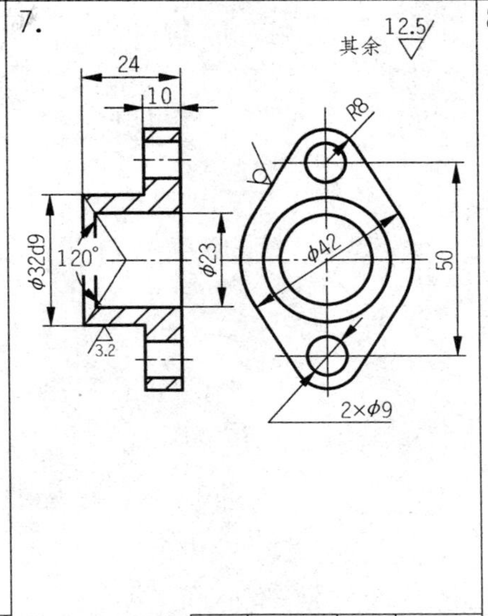

代号	J52-6	材料	HT150
名称	压盖	比例	1:2

8.

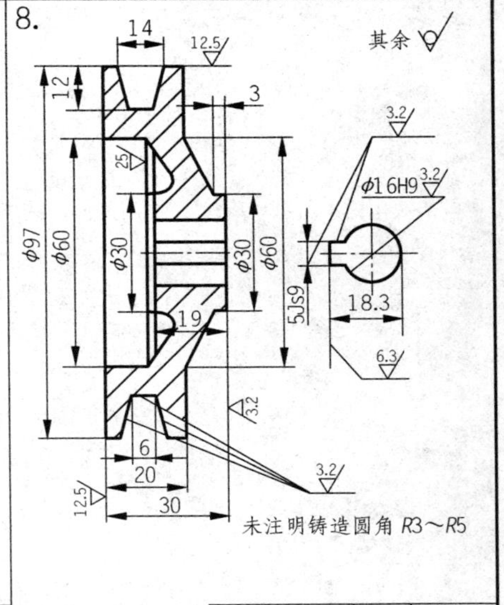

代号	J52-5	材料	HT150
名称	皮带轮	比例	1:2

班级　　　　　　　　姓名

10－4　齿轮泵零件图（续）

9.

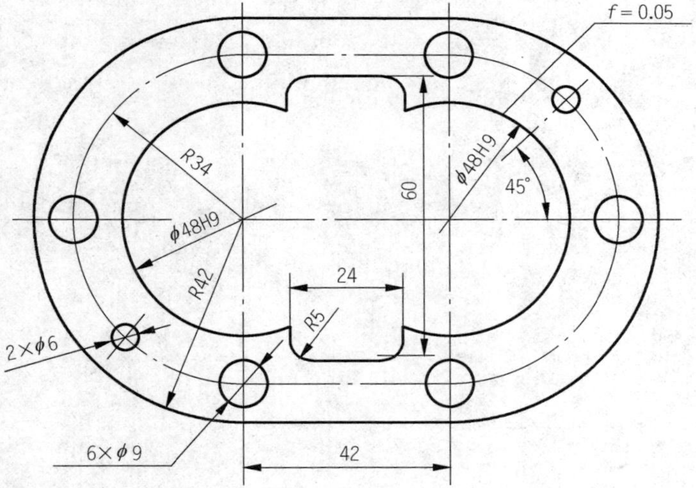

代号	J52－8	材料	硫酸纸
名称	垫片	比例	1:1.5

10.

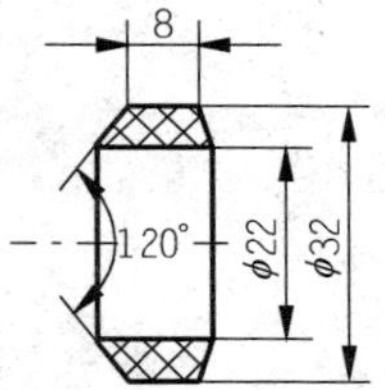

代号	J52－9	材料	棉麻绳
名称	填料	比例	1:1.5

11.

标准件数

销 3×30	1	Q235	GB91－86
螺母M 12	1	Q235	GB6170－86
垫圈 12	1	Q235	GB97.1－85
键 5×12	1	Q235	GB1096－99
螺钉M 8×25	2	Q235	GB65－85
销A6× 20	2	35	GB119－86
螺钉 M8×20	2	Q235	GB65－85
名称	数量	材料	标准号

班级　　　　　　　　姓名

11－1　用计算机绘制平面图形

1.

2.

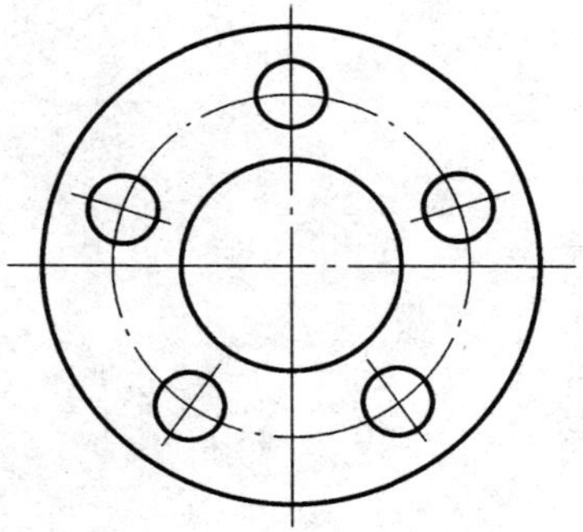

3.

4.

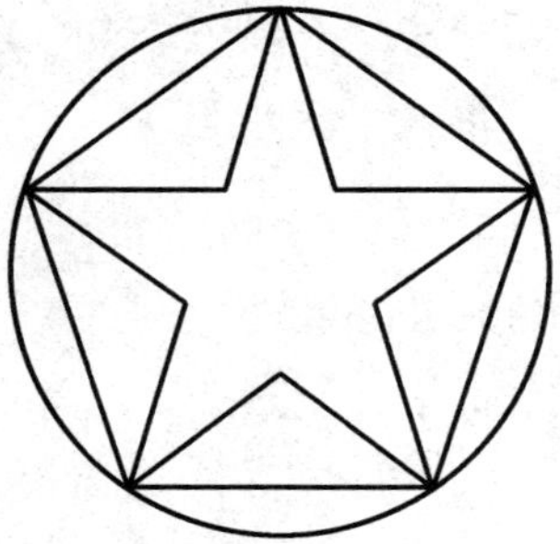

班级　　　　　　　　姓名

11－1　用计算机绘制平面图形（续）

5.

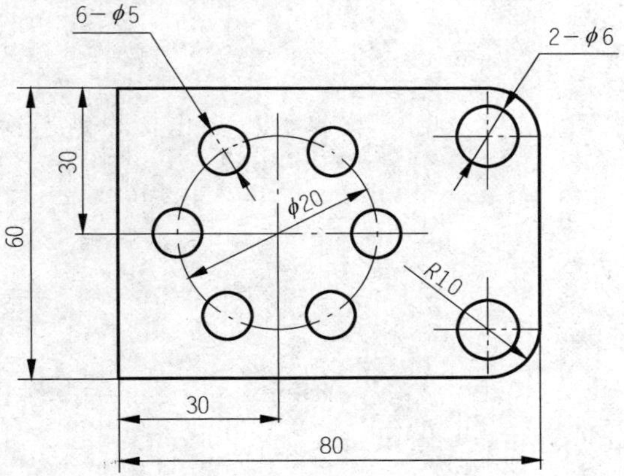

6.

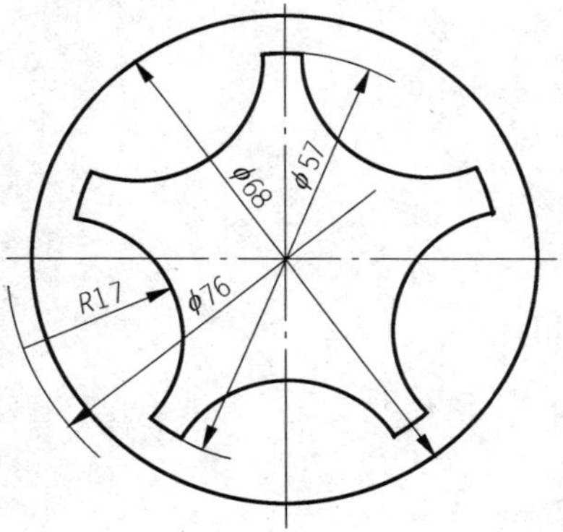

7.

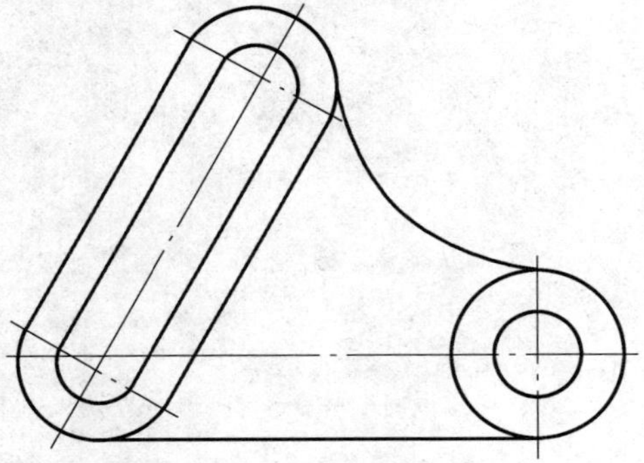

8.

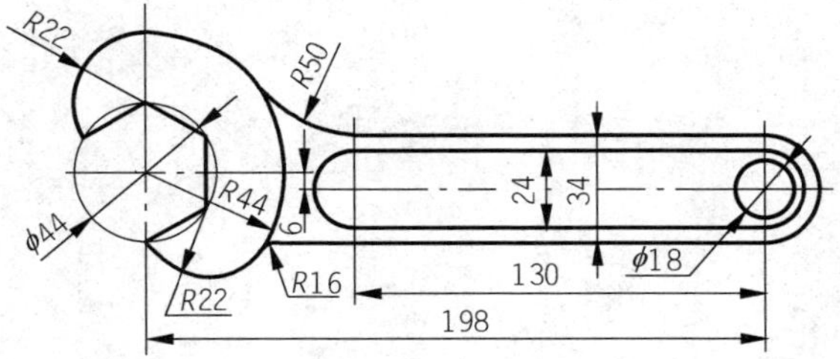

班级　　　　　　　姓名

12－1 用计算机绘制平面图形

1.

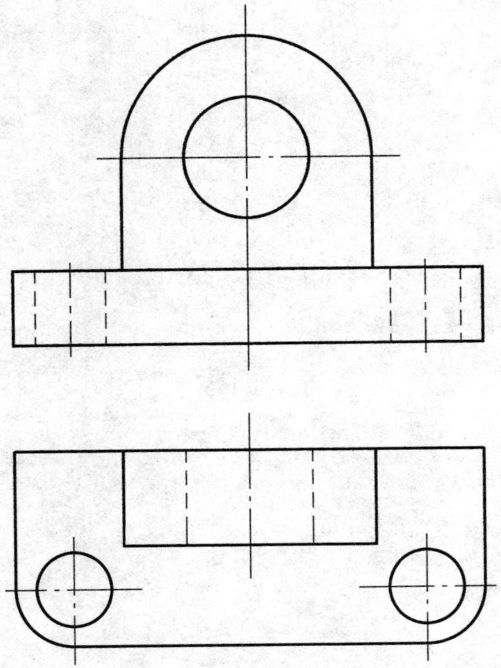

2.

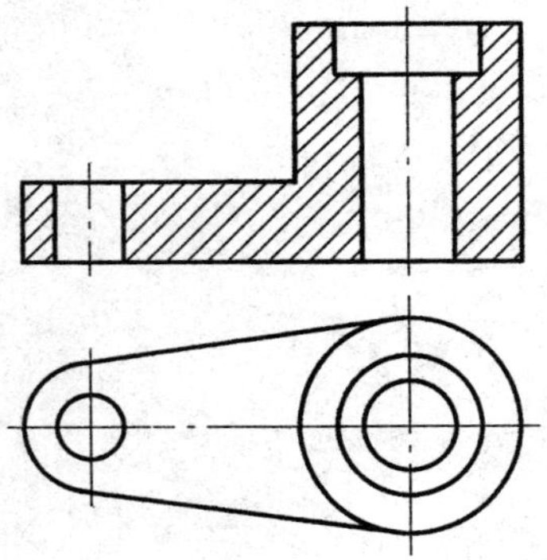

3.

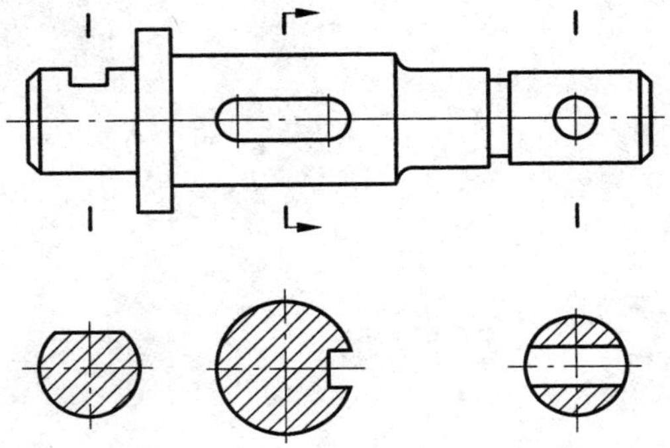

班级　　　　　　　　姓名

1.

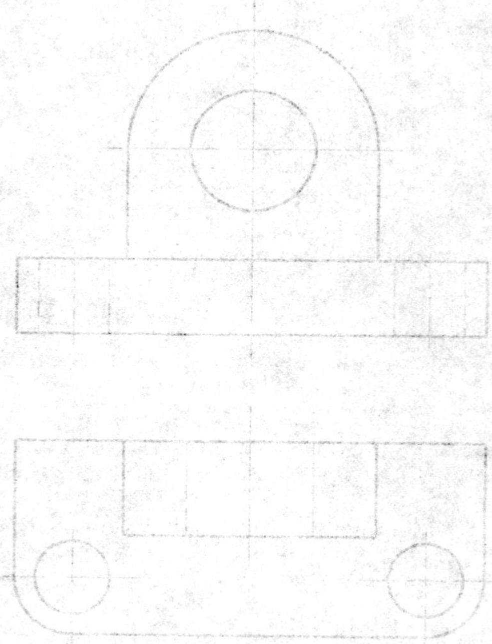

2.

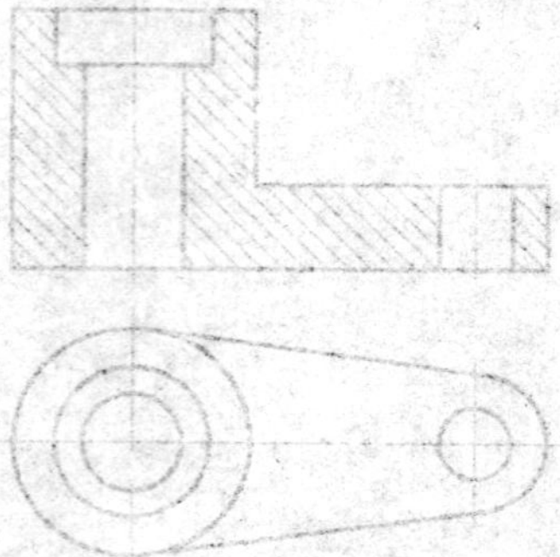

3.

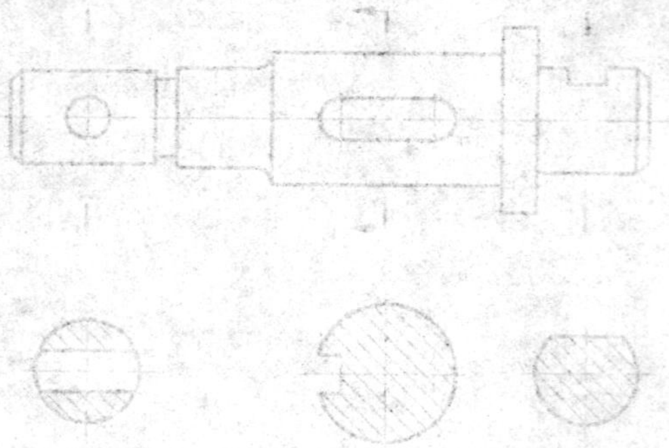

12－2　用计算机绘制平面图形，并标注尺寸

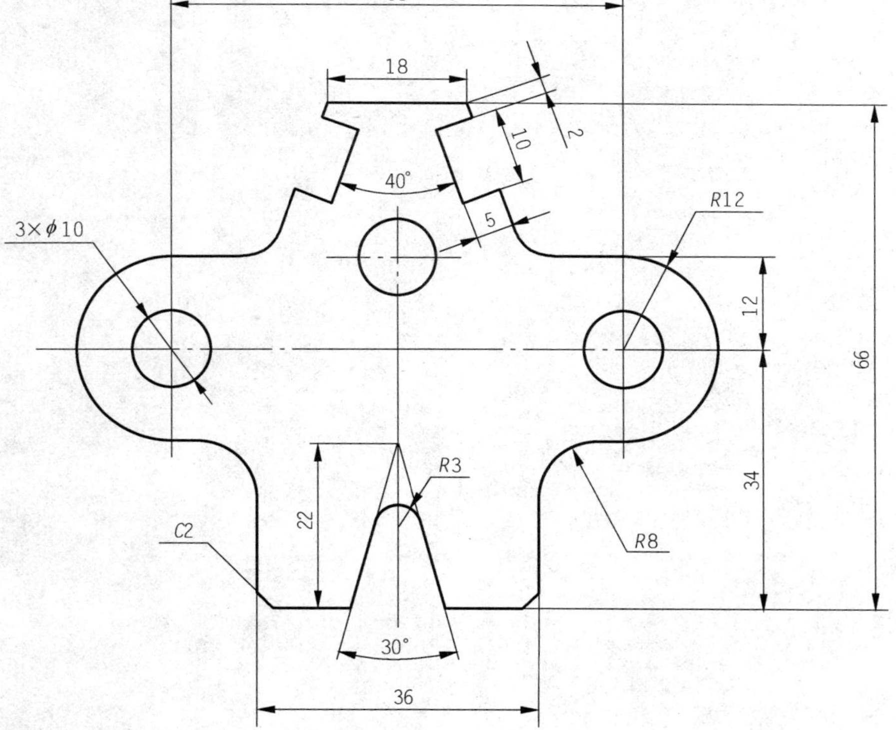

班级　　　　　　　　姓名

12－3　用计算机绘制零件图

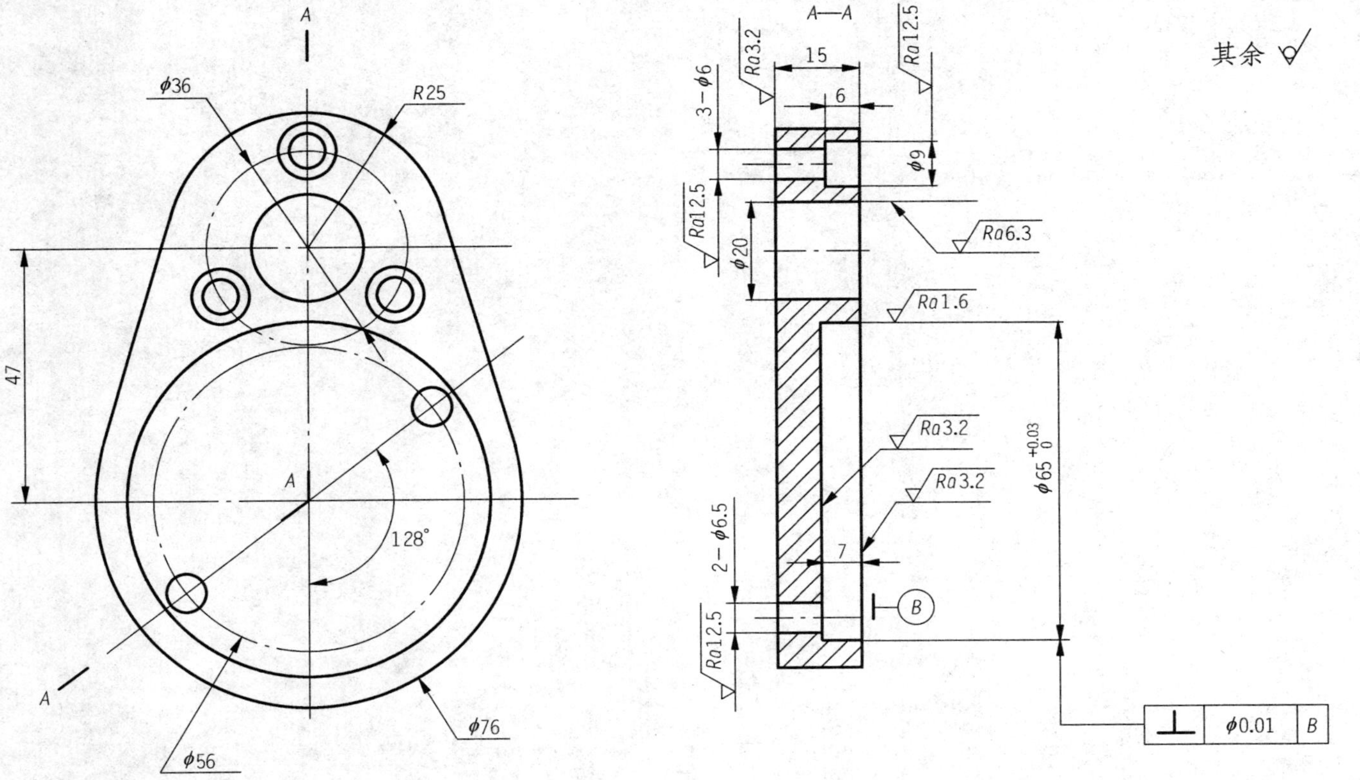

技术要求

锐边倒角

制图			HT200		
审核			重量		丝杆支座
工艺			比例	1:1	TL－09

班级　　　　　　姓名

13－1　用计算机绘制立体图

1.

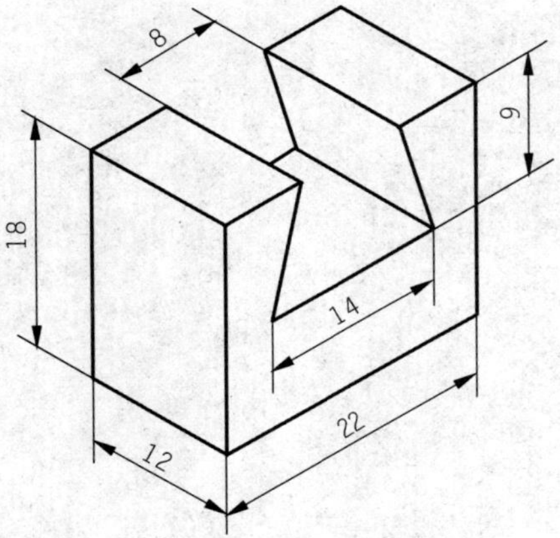

2.

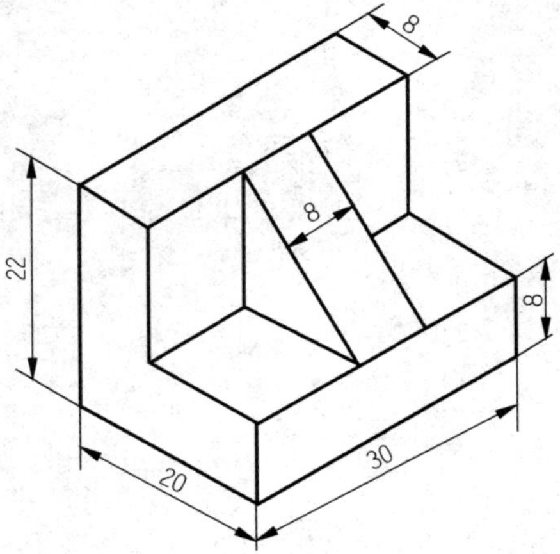

班级　　　　　　　　姓名

3.

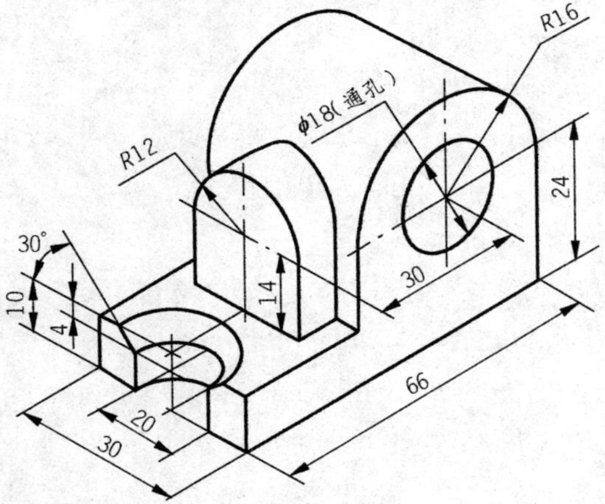
R16
φ18(通孔)
R12
24
30°
10
4
14
30
66
20
30

4.

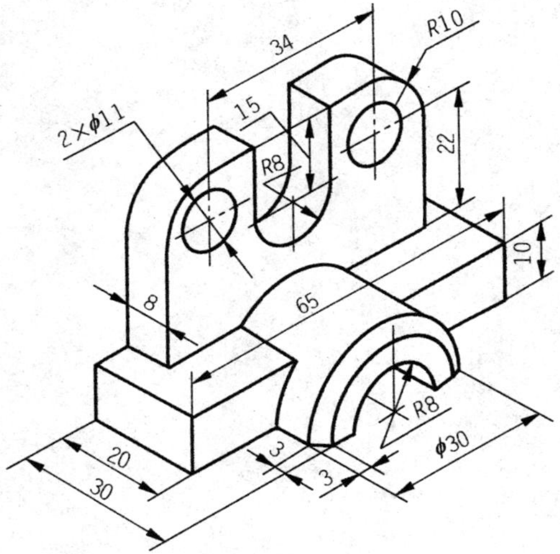
34
R10
15
2×φ11
R8
22
10
8
65
R8
20
30
3
3
φ30

班级　　　　　　　姓名